最怕一事无成，还安慰自己我还年轻

张波 徐德龙 张文宇◎编著

中国纺织出版社有限公司

内 容 提 要

追求安逸、舒适是人的本性，谁都希望岁月静好，生活安稳。但如果故步自封、原地踏步、不为未来奋斗和努力的话，也许现在你会快乐一阵子，但未来，你会痛苦一辈子。

本书正是为了唤醒那些年纪轻轻就沉浸在安稳状态的人们，告诉他们，这个世界永远都在改变，也许明天的社会，不再是你我熟悉的生存法则，我们只有随时保持警惕，积极进取，才能以不变应万变，用全新的自己，去拥抱不确定的明天。

图书在版编目（CIP）数据

最怕一事无成，还安慰自己我还年轻 / 张波，徐德龙，张文宇编著. --北京：中国纺织出版社有限公司，2020. 10
ISBN 978-7-5180-7291-0

Ⅰ. ①最… Ⅱ. ①张… ②徐… ③张… Ⅲ. ①成功心理—青少读物 Ⅳ. ①B848.4-49

中国版本图书馆CIP数据核字（2020）第092722号

责任编辑：闫　星　　责任校对：王蕙莹　　责任印制：储志伟

中国纺织出版社有限公司出版发行
地址：北京市朝阳区百子湾东里A407号楼　邮政编码：100124
销售电话：010—67004422　传真：010—87155801
http://www.c-textilep.com
中国纺织出版社天猫旗舰店
官方微博http://weibo.com/2119887771
三河市宏盛印务有限公司印刷　各地新华书店经销
2020年10月第1版第1次印刷
开本：880×1230　1/32　印张：7
字数：128千字　定价：25.00元

前言

人生苦短，每个人都希望获得幸福，其实，人的一生，做着自己喜欢的事情，便是莫大的幸福。然而实现它却并不容易。怎样才能实现？只要我们遵从自己的内心、立即去做就能达到，因为青春只有一次，我们不能辜负。

然而，生活中，有太多的人，他们年纪轻轻，就开始追求“现世安稳”，他们沉溺于自己目前的状态，做着自己不喜欢的工作，挣着勉强糊口的工资，陷在自以为安逸其实危机四伏的泥潭里却不自拔，还以为这样的生活状态非常温暖舒服。有些人不但意识不到危机，还为自己标榜上了“我还年轻”的借口。

于是，他们继续等，他们白白浪费了宝贵的生命。多少人，他们当年也曾经是一个英姿飒爽的少年，但如今却已步履蹒跚。如果你不想重蹈他们的覆辙，就要告诉自己，选择去尝试，勇敢一点，才不会让自己后悔。

那么，社会生活中的你，是否也是这样的人，你是否觉得自己有车有房、家有妻儿，一切行进得很平顺。然而，每当独处时，你总是感到十分落寞、怅然若失，似乎自己的生命中缺少了些什么，你甚至突然感到活得毫无意义，不知道自己身在何处、无法安宁。

其实，你缺少的是为梦想拼搏和奋斗的经历，我们都心怀理想，但在社会丛林的影响下，不少人逐步失去个性，变得人云亦云、得过且过，最终让自己的人生毫无生气，碌碌无为。

所以，生活中的年轻人们，青春易逝，青春就是喜欢一件事，你就开始去做吧。即使此时此地只能把它当成业余爱好，你坚持去做了，点滴积累，有一天，它会成为你的专长，成为你可以靠之养活自己的看家本领。你要去相信，你最愿意做的那件事，才是你真正的天赋所在。

人生需要选择，需要你果敢地去拼搏，去行动，去做自己该做的事情，哪怕你很畏惧，哪怕你很犹豫，但如果摆在你面前的路是正确的，你就要立即行动起来。

人生就是如此，只要你敢于跨出第一步，去做你想做的事，你就能获得源源不断的动力，你就能朝着目标不断迈进，最终收获一番成就。

现在，你是否如梦初醒，是否希望重新规划自己的人生，是否想去立即实现曾经没有做过的事，但突然又觉得无从下手？本书就是一本给人力量、促人奋斗的正能量书。它告诉我们，青春短暂，千万别一事无成，别认为自己还年轻，我们一定要抓住当下，告诉自己，要敢于突破自己，不患得患失，该出手时就出手，看完本书，你会获得力量，会找到自己热爱的事业，最终驾驭自己的人生，实现自己的人生价值。

编著者

2020年3月

目录

第1章

你说的稳定，与得过且过有何不同

我们都知道，现代社会，竞争尤为激烈，且知识更新的速度前所未有之快，在这样的时代洪流中，我们不能保持前进的速度，就会导致自己逆水行舟，不进则退。然而，一些人在危机没有降临时常常怀有侥幸心理，贪图享乐，不思进取。殊不知，一个人不管多么才思敏捷，也必须时刻保持警惕，并且保持进取的态势，才能在熙熙攘攘的竞争洪流中站稳脚跟，让自己立于不败之地。

你要的舒服，其实暗藏危机

生活中，对于很多人，尤其是年轻人来说，在我们刚离开学校、进入社会时，可能都会被长辈教导“找个稳定的工作”，女性在找对象时，大部分人也会提出一个要求“有个稳定的工作”。的确，追求安稳是天性，因为人们往往惧怕风险。然而，无限风光在险峰。只有登上险峰才能看见绝美的风景，高风险有时候也是一个绝佳的机会。尤其是竞争激烈的现代社会，你越是追求安稳和舒服，越是暗藏危机。

不难发现，一些人不愿意改变自己，往往是舍不得放弃目前的安逸状况。而当你发觉不改变是不行的时候，你已经失去了很多宝贵的机会。因此，即使你现在每天衣来伸手饭来张口，但你必须要明白，未来社会，你必须要一个人生存、参与社会竞争，你必须要有随时改变自己、更新自己的意识。

那么，生活中的人们，你有这种“狂放的野性”吗？的确，人生需要冒险，维持现在也只能甘于平庸。

世界首富比尔·盖茨就是这样的人，在他看来，成功的首要因素也是冒险。在任何事业中，把所有的冒险都消除掉的话，自然也就把所有成功的机会都消除掉了。他自己的一生当中，最持续一贯的特性就是强烈的冒险天性。他甚至认为，如果一个机会没有伴随着风险，这种机会通常就不值得花心力去尝试。他坚定不移地认为，有冒险才有机会，正是有风险才使事业更加充满跌宕起伏的趣味。

事实上，对冒险精神的培养，比尔·盖茨从学生时代就开始了。他在哈佛的第一个学年故意制定了一个策略：多数的课程都逃课，然后在临近期末考试的时候再拼命地学习。他想通过这种冒险，检验自己怎么花尽可能少的时间，而又能够得到最高的分数。他做得很成功，通过这个冒险他发现了一个企业家应该具备的素质：如何用最少的时间和成本得到最快最高的回报。

他总是在培养自己好斗的性格，因而被人骂作“红眼”（人在紧张时肾上腺素冲进眼睛，导致眼睛通红）。久而久之，他成为令所有对手都胆怯的人物，因为他绝对不服输，绝对不会退缩，绝对不会忍让，更不会妥协，直到他自己取得了胜利。这种个性成为他创业时期的最明显的特征，他令一个个对手都败在了自己的手下。

但是他同时又是一个最不满足的人。到了20世纪90年代，他已经成了世界首富，但是不满足的心理依然驱动着他继续自己的冒险事业。他在一次接受记者的采访时说：“我最害怕的是满足，所以每一天我走进这间办公室时都自问：我们是否仍然在辛勤工作？有人将要超过我们吗？我们的产品真的是目前世界上最好的吗？我们能不能再加点油，让我们的产品变得更好呢？”

任何一个人，尤其是年轻人，也都要有盖茨的敢作敢为的勇气和永不满足的精神。的确，风险可能会导致你失败，但也会使你获得意想不到的收获，不冒风险看似安全，但它只会使你的一生在平庸中度过。

平凡的人之所以没有大的成就，就是因为他太容易满足而不求进取，他一生只会盲目地工作，挣取足够温饱的薪金。不甘于优秀，超越优秀，成为卓越者，我们可以把事情做到最好。

据社会学专家预测，未来的社会将变成一个复杂的、充满不确定性的高风险社会，如果人类自由行动的能力总在不断增强的话，那么不确定性也会不断增大。生活中的人们，你应该意识到，各种变化已经在你身边悄然出现，勇敢地投身于其中的人也越来越多了，而如果你不积极行动起来、缺乏竞争意识、忧患意识，安于现状、不思进取，如果你还没被惊醒的话，就会被时代所抛弃，被那些敢于冒险的人远远甩在后面。敢于争做第一、充满冒险精神，是每个成功的人士给我们的启示。

为什么在现实中有些人受人敬重，有些人却被人看不起？前者是因为他们有野心，凡事努力；而后者，他们得过且过，即使掉在队伍后面，也不奋起直追，这就注定了这类人无法成大事。有野心，是一种积极向上的心态，它为所有人创造了一种前进的动力。在很多时候，成功的主要障碍，不是能力的大小，而是我们的心态。

事实上，风险不是我们的敌人，而是生活中不可以或缺的一部分。事实上，主动了解风险是获取突破性机会的先决条件。

另外，无厘头的冒险总会增加失败的风险，你在冒险前应该是思虑成熟。为此，你应该丰富自己的知识结构以开阔视野。人们常常用视野比喻人的眼界开阔程度，眼光敏锐程度，观察与思考的深刻程度等。可以说，视野开阔，是衡量人的综合素质的重要标尺。而视野开阔与否，取决于对知识掌握多少，取决于思想理论水平的高低。常言道，学然后知不足。勤于学习的人，越学越能发现自己的不足，于是想方设法充实自己、提高自己，学到更多的东西，视野会随之越来越开阔，跟上前进的步伐。

总之，无论是谁，都要警惕现在的状态，都要永远改变自己，你只有不断地剥落自己身上守旧的缺点，才能做到敢为人先，才能抓住第一个机会，才能实现自己的进步、完善、成长和成熟。

一不小心，就被别人赶超了

任何社会中的人，都存在强弱之分，但更普遍的是强者更强，弱者更弱，弱肉强食。为什么会这样呢？因为弱者很多时候并不是努力充实自己，让自己变强，而是花费太多的时间抱怨命运的不公。而强者，他们有很强烈的危机意识，他们不断奋进，不断挑战自己，绝不给对手打败自己的机会，事实上，这一点，很多职场人士已经感受到了，只要你有丝毫懈怠，你就有可能被人赶超甚至是取代。

的确，当今社会，人与人之间的竞争越发激烈。每个人都必须要具备竞争意识。如果你得过且过、安于现状的话，你不想做得更好，就会做得更差，你就只能是个失败者，而如果你想提升竞争力，在竞争中脱颖而出并走向成功的话，还必须具备一个前提条件，那就是不断奋进、积极进取，这是我们不断努力、不断进取的动力。

大学毕业后，程玲就进入现在的这家公司工作。她工作认真且努力，表现得很出色，为此得到上司的赏识，很快就被提拔为部门负责人。如今，程玲在公司里已经三年了，稳稳当当坐上部门负责人的位置，工资待遇也不错，所以她感到很满足。

有一次，公司里的一个销售区域出现严重问题，因为那个区域的总监正好休产假在家，为此，上司向老板推荐程玲去解决问题。其实，上司的本意是让程玲好好表现，将来也许可以升任总监，但是程玲深知问题很棘手，为此，找了个生病的理由就把这个任务辞了。无奈，老板只好要求另外一个部门主管去解决问题。

这个主管二话不说奔赴一线，虽然费了很多的辛苦和周折，总算把问题圆满解决了。这个时候，老板对主管说："区域不可一日没有总监，既然此前的总监休产假了，就由你来代替她先管理这个区域。等到她休完产假回来，或者她去新区，或者你去新区。总而言之，你已经是总监了。"

听到这个消息，程玲简直把肠子都悔青了。但是，时间不可能倒流，机会也不会重来。在公司里，中层管理者一个萝卜一个坑，程玲再也找不到这么好的晋升机会了。

案例中的程玲之所以失去一个大好的晋升机会，就是因为她自我满足、不思进取，所以，身处职场，面对竞争，我们一刻也不能松懈。

所以，我们需要记住的是，在如今竞争激烈的现代社会，面对竞争，我们无论如何也不要为自己找懈怠的理由，而应该勤奋努力，朝更高的目标奋进。

如果说，人一生的发展是不易反应的药物，那么压力就是一剂高效的催化剂。它不是鼓励你成功，而是逼迫你成功，让你没有选择不成功的余地。它带给人的，不仅仅是痛苦，对于任何人来说，如果在人生路上毫无压力、过于安逸，那么，你注定平淡、碌碌无为，如果你能在你追我赶的现代社会继续前进，那么，你势必会攀上人生的高峰。当然，要做到这点，你必须不断充实自己，唯一的方法就是学习。

社会学家指出：学校里学的东西是十分有限的，在工作中和生活中所需要的相当多的知识与技能，完全要靠我们在实践中边学边摸索。社会是更大的一本书，需要经常不断地去翻阅。须知，在现代社会中，不充电很快就会没电。在学习的过程中，最需要的就是干劲。

时代正在急速发展，各种技术日新月异，已经对生活在这个时代的人提出了新的学习要求，如果你没有竞争和学习的意识，不了解掌握新技术，那么你跟不上时代的发展是必然的。

然而，我们生活的周围，为了彰显自己超然于物外，他们宁愿独处，不交朋友，甚至逃避社会竞争，他们以“自我中心”与“被动”，等着别人先关心自己，建立关系。事实上，久而久之，他们便真的失去了与人竞争的能力，失去了朋友，内心世界也真的孤独了。其实，在喧嚣的人世间，我们要保持内心的宁静，只要静下心来，坚定自己的信念，而不是给自己找借口逃避，因此，从现在起，不妨大胆地走出自我限定的世界吧。

石油大王洛克菲勒曾说：“与其生活在既不胜利也不失败的黯淡阴郁的心情里，成为既不知欢乐也不知悲伤的懦夫，倒不如不惜失败，大胆地向目标挑战！”他这句话是要鼓励我们每个年轻人，都要有雄心勃勃的斗志，都要敢于突破现状，远离现在的舒适区，而实际上洛克菲勒本身也是这样的人，他的成功就说明了这一点。是要鼓励我们勇于改变安稳的现状、敢于冒险。事实上，我们也发现，洛克菲勒本人就是个野心勃勃的人。

1870年，标准石油公司成立，洛克菲勒任总裁，该公司资产100万美元。公司成立时，洛克菲勒就说："总有一天，所有的炼油和制桶业务都要归标准石油公司。"公司主要负责人不领工资，只从股票升值和红利部分中提成。"不领工资只领分红"这个制度创新一直影响到现在的美国企业。洛克菲勒坚信："一个人往往进入只有一件事可做的局面，并无供选择的余地。他想逃，可是无路可逃。因此他只有顺着眼前唯一的道路朝前走，而人们称它为勇气。"

生活中的人们，可能现在的你每天为生活奔波，生活、工作压得你喘不过气来，你开始抱怨生活、抱怨上司，抱怨家人。而其实，有压力，才有动力，压力带给我们的不仅仅是痛苦和沉重，还能激发我们的潜能和内在激情，让我们的潜能得以开发。

生活中的人们在这个变化、竞争的时代，如果你能适应这种变局，你就是生活的强者，反之，就会面临巨大的危险。如果不能适应变化、竞争，无论你看起来多么强大，都会有被淘汰的危险。其实谁都明白这个道理，谁都想从残酷的竞争中脱颖而出，成为时代的强者。但真正做起来却是很难，需要我们及时调整思维，头脑灵活，积极适应不断变化的外界环境。

你说的知足，不过是不思进取的借口

生活中，我们常说：“知足常乐。”人之所以不快乐，就是不知足。实际上，人类自身的需求是很低的，远远低于欲望。房子再怎么大，也只能住一间；衣服再高贵，身上也只能穿一套；汽车再多，也只能开一辆在街上跑。能够认清楚这一点，那么我们就能够活得更加从容一点，更加豁达一点。然而，我们生活中的一些人，却曲解了“知足”的真正含义，我们倡导在物质生活上知足，倡导追求精神层次的享受，然而，这并不意味着我们应该安于现状、不思进取。

一些年轻人的人生才刚刚开始，但是对目前的状态似乎已经“知足”了，在人人都憧憬未来的日子里，他们却按部就班，就像老态龙钟的古稀老人，对于生活既无希望，也无苛求。这样的状态出现在年轻人身上，是多么可怕的事情啊！退一步而言，即便有很多老人如今随着生活条件的好转，也对人生充满希望，而且不服老不愿意承认自己已经老了。从这个角度而言，当一天和尚撞一天钟不但无法成就人生的精彩，而且还会使我们的人生永远陷入低潮和低谷之中，永无出头之日。

如此深刻的绝望，必然对我们的人生造成伤害。

相反，那些取得一番成就的人，无一不是不断拼搏和自我超越的，毋庸置疑，每个人生的美好都并非从天而降，只有当我们不断奋斗，坚持不懈，持之以恒，而且能够咬牙走过坎坷泥泞时，我们才有可能迎来人生的辉煌。

在第一次世界大战期间，法国有个很著名的上校叫泰勒，当时，他任第六师师长，他的处事方式很令人钦佩。

有一次，在他的儿子向他告别时，他告诫儿子说："孩子，记住：你的姓是泰勒，泰勒这个姓代表着做事能力。你永远不可以靠边站，让出路给其他敢于冒险的人走。你要冒险向前使他们让出路来给你走。"

接着，他继续说道："大街上行人拥挤，交通阻塞。但呼啸的消防车飞驰而过时，大家都自动地让出路来。当然你偶尔也会感到沮丧、软弱，但这正是你需要鼓起战斗勇气的时刻。只要你迈步向前，沮丧、软弱都会躲开你。"

勇敢地尝试新事物，可以发现新的机会，使你迈进从未进入的领域。生命原本是充满机会的，千万别因放弃尝试而错过机会。我们并不是推崇无厘头的冒险，但安全绝不会实现突破，要想获得不一样的人生，就要疯狂一点。

英国新闻界的风云人物，伦敦《泰晤士报》的老板来斯乐辅爵士，在刚进入该报时，就不满足于九十英磅周薪的待遇。经过不懈的努力，当《每日邮报》已为他所拥有的时候，他又把取得《泰晤士报》做为自己的努力方向，最后他终于猎狩到他的目标。

来斯乐辅一直看不起生平无大志的人，他曾对一个服务刚满三个月的助理编辑说：“你满意你现在的职位吗?你满足你现在每周五十磅的周薪金吗?”当那位职员答复已觉得满意的时候，他马上把他开除，并很失望地说：“你应了解，我不希望我的手下对每周五十磅的薪金就感到满足，并为此放弃自己的追求。”

从励志的角度而言，一个死气沉沉、对人生毫无热情和希望的人，很难得到人生慷慨的馈赠。细心的人会发现，古今中外，大多数成功人士都拥有对生命的激情，正因为如此，他们才能排除万难，勇往直前。激情是人生的助燃剂，正是有了激情的刺激，我们才能充满力量，始终奔跑向前。激情还能让我们的人生迸发出绚烂的色彩，也能够让那些青葱的岁月变成我们人生中最美好和最值得珍惜的回忆。拥有激情的人不畏惧人生的苦难，他们发自内心地悦纳人生，因而不管对于生活还是事业，都始终能够找到寄托，也能够创造出令人瞩目的成就。

因此，生活中的人们，摒弃知足常乐的借口，培养自己进取和冒险的精神吧，对此，你可以这样锻炼自己：

1.克服恐惧

做曾经不敢做的事，本身就是克服恐惧的过程。如果你退缩、不敢尝试，那么，下次你还是不敢，你永远都做不成。只要你下定决心、勇于尝试，那么，这就证明你已经进步了。在不远的将来，即使你会遇到很多困难，但你的勇气一定会帮你获得成功。

2.努力进取，保持终生学习的好习惯

在人生之中，只有短暂的时间可以在学校里接受系统的学习，更多的时候，我们走入社会，要开展系统学习，才能让自己有更好的表现和成长。尤其是在人生成长的过程中，每个人都会遭遇坎坷与磨难，必须要摆正心态，始终更坚定不移地努力向前，才能最大限度激发生命的力量，也创造最伟大的成功。

玉不琢，不成器。再好的璞玉，如果没有经受用心的雕琢，就不可能成为精美的玉器。同样的道理，作为一个人，如果没有接受过教育和雕琢，也就不可能成才。那么，何为雕琢呢？有人理解得很狭隘，觉得所谓雕琢，就是接受教育，努力学习。实际上，在漫长的成长过程中，一个人接受学校中系统的教育，只是起到最小的作用。尤其是在现代社会，要求每个人都要非常努力进取，保持终生学习的好习惯，才能不断地提升自己的能力，创造自己的价值。相反，无论是学生还是已经就业的年轻人，都绝不能不思进取、按部就班、做一天和尚撞一天钟，这样，你只能被社会无情地抛弃。

3.不要胆怯，也不要害怕吃苦

作为年轻人，不要在还没有付出的时候就开始胆怯，要知道，这个世界上除了父母会无私地对孩子好之外，没有任何人会无缘无故地对你好。尤其是在走上社会之后，不管你是一个新手菜鸟，还是一个刚毕业的大学生，没有人会特别照顾和对待你。一旦走上工作岗位，即使你的工作时间只有一天，你和那些即将退休的老员工也有着同样的待遇。为此，不要怜惜自己，当你作为独立的生命个体呈现自己时，你就必须把自己当成一个强者去对待。

总之，年轻的朋友们，假如你也想要拥有精彩的人生，那么就从此刻开始让自己变得激情燃烧吧！相信当你真的坚持这么做下去，你的人生就会变得完全不同。

无目的地瞎忙，让你对未来更迷茫

现代社会，我们大部分人都处于忙碌中，但越忙碌，似乎越迷茫，不知道自己到底要什么样的生活，的确，时代的飞速发展不仅带来了经济的繁荣，很多人也在这五光十色的霓虹灯中迷失了自己，找不到人生的方向。不论是在何种情况下，如果不能确定自己人生的方向，或者不能朝着这个方向而努力，那最后的结果就只有失败。

事实上，一个成熟的人，应该在忙碌之前想清楚自己为什么而忙碌，在忙碌的过程中想清楚自己怎样才能让自己变得不那么忙碌，做到忙中有闲，忙而有成。忙碌中的思考，最有利于提高我们的谋划，驾驭，应变能力，年轻人应该做到忙而有思，不能碌碌无为。

陈鹏大学毕业后，偶然地进入了一家大企业。不过，这家企业所招聘的岗位并不符合他的本专业。当时，已经找工作几个月却处处碰壁地陈鹏再也不想像无头苍蝇一样乱撞了，他心里只想安定下来，再慢慢谋划。因此，就接受了这份工作。

工作之后，陈鹏意外地发现，自己的同班同学李飞居然同时也进了这家企业，而且是同一部门。两个大学同学意外在一家企业的同一部分相逢，也真是够巧合的。工作几个月后，他们俩一起去吃饭喝酒。酒过三巡，两个人都微微醉了。陈鹏问李飞："你工作得快乐吗？"李飞摇摇头，说："不快乐。对我来说，这份工作只是暂时糊口的。我的理想是咱们的绘画专业，我一定要成为一名画家。"陈鹏很纠结地说："其实，我来的时候和你的想法是一样的，暂时糊口，然后去实现自己的画家梦。不过。这家企业很大，待遇也不错，我又担心万一辞职了，又像毕业的时候一样找不到工作怎么办？万一，我在绘画的路上没有发展，碌碌无为怎么办？如果我从事绘画事业十年而毫无收获，那么就损失太大了，因为留在这个公司，十年之后，至少是个中层管理者，已经步入小康了！"李飞不以为然地说："不管怎么样，我不能放弃自己的梦想。况且，你有什么好担心的呢，连我都要去完成画家梦，你要知道，你可是我们班的才子啊！”陈鹏久久没说话，似乎陷入了沉思。

半年之后，稍有积蓄的李飞果然辞职了。他当了一名绘画工作者，工资比之前低了很多，但是每天都可以作画，做自己最喜欢也最擅长的事情。转眼之间，十年过去了，陈鹏在公司已经升任主任，过着拼搏得有时候甚至完全忘记绘画的工作。一次难得的假期，他带着家人去法国旅行，无意间经过画展时，不由得想起自己多年前的梦想。他情不自禁地走过去开始欣赏，突然，他看到一幅画的落款写着他熟悉的名字“李飞”。他拿起电话拨打给李飞，果然，这幅画的确是李飞所作，李飞还邀请他参加下个月将在成都举办的“青山绿水”个人画展。挂断电话，他茫然若失。近来，他常常觉得迷惘，生活需要的一切他似乎都有了，但是却再也没有时间拿起画笔。他到底得到了什么，又失去了什么？有一点他很肯定，如果当时他和李飞一样辞职，去拿起心爱的画笔，那么他现在的成就一定不会比李飞差。

一个人，只有对自己的人生有明确的规划，才能够成就更大的事业，那些今天想这样做，明天想那样做的人，他们的思想都是非常幼稚和混乱的。清楚自己可以做什么，清楚自己人生可以达到的高度，才是一个人成熟的表现。

事实上，我们任何人，都不应该像无头苍蝇那样，到处乱飞乱撞。古人讲究“学而有思，思而有创”，其实无论做什么事，一边忙碌一边思考，或者用思考指导行动，才是正确的方式。做事不能机械，选择人生更不能盲目乱撞，一定要真正清楚自己想要的到底是什么才能够做得好，有所思，才能有所为。

尤其是年轻人，要善于思考，才能在思考中找到方向，得到长进，总结出经验，那些未经过思考就作出的决定一定是最不理智的。不要整天忙于庸庸碌碌的事情，一定要抽出一段时间思考，决定前要思考怎样做对自己才最有利；决定后要思考怎样落实才能最快，最有创意；落实的过程中还要不断思考怎样才可以省心省力省时间。总之，思考应该成为年轻人的常态。

现在开始就想一想什么是你想要的成功？什么是你想要的人生？金钱，地位，名声？这些都是工具，是载体，你到底需要什么？美国社会心理学家马斯洛曾经提出“需要层次论”，把人生的需求按照重要性和层次性排成一定的次序，分别为：生理需求、安全需求、社会需求、尊重需求和自我实现需求五类。没有必要详细解释它们是什么意思，你只要在这五类当中选择出你希望的理想状态就可以了。

现在开始，就必须在闲暇的时间想一想，自己真正想要的到底是什么，当然，不同的人生阶段有不同的需求。弄清楚自己目前阶段最需要的，可以帮我们更有目的，更明确地做事。我们必须想清楚，成功对于我们意味着什么？是数不清的财富？是我们心灵能够靠自己的能力完成一件事情的满足感？是人们羡慕、信任的目光？是一个幸福的小家，我们能够对这个小家负责，提供小家中每个人需要的幸福感？

把自己的需要具体化，视觉化，才能让你在前进的过程中，不被迷惑，不走弯路。我们还要在做事的时候想清楚，怎样做，我们才能获得更多的技巧；运用怎样的技巧，可以把想做的事变得更加简单明晰。在思考和实践的过程中不断增加智慧，然后用智慧去指导自己的行为，这才是一个忙碌的正常状态。

朋友们，人生的方向盘需要自己去把握，没有谁能代替你去走完自己的一生，我们要为自己而活。你的目标是否坚定，也取决于这个目标是否出于你真正的意愿，是否符合你的实际情况，是否真正扎根在你的内心深处。如果一个人没有目标和方向，那么他就会变得懒散、懈怠、毫无方向、积极性差，所以说方向对于人生有着很大的指引作用，可以说是我们前进的动力，我们一定要好好把控。同时，在朝着自己目标努力的过程中，去不断修正自己的方向，才能自己掌握自己的人生。

怕，就会输一辈子

对于人生，每个人都有无限的憧憬和渴望，希望人生能够顺遂如意，希望人生能够获得巨大的成功，希望自己头顶光环，希望自己得到所有人的羡慕和仰望……诸如此类的愿望，每天都在我们心中回响，然而，对于这一切，如果你怕，就会输一辈子。的确，恐惧会让人生永远处于停滞状态，因而无论梦想多么璀璨，理想多么远大，假如没有勇敢展开行动，一切就会变成白日梦，永无实现的可能。真正的人生要想取得成就，就要切实展开行动，因为只有行动才能推动我们在人生的道路上不断前行，也使我们拥有更多的可能性。所以，我们可以说，勇气是任何一个人必备的品质，畏首畏尾的人只能被称为懦夫。

对于这一点，应该是任何一个人都认同的。新时代的人们，尤其是年轻人，在追求成功的过程中，更不能畏首畏尾，在万事俱备只欠东风的时候，就大胆、努力、自信地完成自己梦想吧。

日本名登山滑雪家三浦裕次郎，曾经在1970年率队攀登喜玛拉雅山的珠穆朗玛峰，虽然才爬到半途，六位队友就因雪崩而丧生，但是三浦裕次郎仍然继续向峰顶迈进，终于攀至顶峰，并由珠穆朗玛峰山谷滑雪而下，缔造了“最高滑雪者”的世界纪录。

在三浦裕次郎最危险的时刻，曾说出几句充满哲理而发人深省的话：“不论成功与否，已经可以肯定的是，此行将不可能有个欣喜的结束（因为队友的罹难）。”

“此刻我已经不畏惧死亡，比死亡更可怕的是失败。”

“我已经无法将‘危险的前进’，转变为‘困难的后退’，所以只有选择前进。”

虽然这只是一位登山者处于极度危险，已无退路的情况下所说的话，但是何尝不能用在我们的人生中呢？我们可以把自己的一生，看作这样一个旅途：不论成功与否，我们注定要死亡，所以必然不可能有欣喜的结束；但也正因为死亡已无可避免，使成功变得更为重要；而当生命无法倒退时，唯一的选择，就是向前进。同样，还在思虑的人们，是不是也该行动起来，奋起直追呢？

在许多时候，成功者与平庸者的区别，不在于才能的高低，而在于有没有勇气。有足够勇气的人可以过关斩将，勇往直前，平庸者则只能畏首畏尾，知难而退。爱默生说：“除自己以外，没有人能哄骗你离开最后的成功。”柯瑞斯也说过：“命运只帮助勇敢的人。”

著名的数学家华罗庚曾说：“只有不畏攀登的采药者，只有不怕巨浪的弄潮儿，才能登上高峰采得仙草，深入水底觅得骊珠。”任何一个人，都应该拥有无畏这种杰出的力量，都应该不怕面对命运的多舛，不惧经受风雨的洗礼，永远有直面挫折的勇气，在挫折面前，做个打不垮的强者。

白寒与胡然然是大学同窗，毕业后，二人的选择不同，白寒选择回老家当老师，而胡然然则去了上海。

白寒的生活十分顺遂，她在家里的安排下嫁给了在另外一所学校教书的一位老师，然后二人买房子、结婚，到儿子的出生，才不到两年时间，平时工作两点一线，日子安稳且安逸。

那么，胡然然呢，她来到上海后，开始投简历、找工作、然而四处碰壁，后来，她果断放弃找工作的想法，从银行贷了10万元，然后准备自己创业做电子商务，最开始的过程十分艰难，在前三年，胡然然住的是地下室，吃的是泡面和冷水泡饭，她也不敢打电话回家，因为她怕家里人知道她的情况，催她回家相亲结婚，她相信自己一定会成功。

光阴荏苒，转眼之间，八年过去了，一次春节，白寒告诉胡然然说自己来上海旅游了，胡然然自然邀请白寒前来做客，在这之前，白寒一直以为胡然然在上海打工，日子过得很辛苦，可是当她看到胡然然住着两百平的大房子、孩子大方开朗、先生同样事业成功时，她知道，胡然然真的成功了。但自己不免心里有些酸涩，说：“哎，看着你们的日子，我觉得自己半辈子都白活了。我就是学校和家两点一线，人生如同空白……”

做人是需要有野心的，如果没有野心，就注定了一生碌碌无为，非常平庸。当然，有野心也未必就能够成功，但是最起码野心帮助我们的人生不断腾飞，哪怕失败了，也因为有了开始，而为人生积累了更加丰富的经验和阅历。所以朋友们，任何时候都不要自甘平庸，哪怕命运对于我们没有特殊的眷顾，我们也要不遗余力勇往直前。唯有如此，我们的人生才会实现属于我们的精彩与辉煌。

任何一个人，只有控制了怯懦，才会在生活中始终乐观而健康。无畏是灵魂的一种杰出力量，无畏的人不怕面对命运的多舛，不惧经受风雨的洗礼，永远有直面挫折的勇气，在挫折面前，做个打不垮的强者。

假如我们总是畏惧外部的力量，那么我们的内心就会陷入深深的恐惧之中，最终失去自信，失去尊严，也使人生陷入恶性循环之中。如果从坚强与怯懦的角度来划分，这个世界上只有两种人，一种人意志如钢，一种人意志软弱。毋庸置疑，意志如钢的人才能主宰自己的命运，也才能成为世界的主人。相反，后者即便连自己的命运也无法掌握，更别说成就人生的辉煌了。当这两种人组成了这个世界，立刻就会高下立见，也会区分出不同的层次来。所以朋友们，人生永远是勇敢者的天堂，要想在人生之中叱咤风云，从现在开始就让自己变得勇敢坚强起来吧！

第2章

躲在安全地带，才是人生最大的冒险

生活中，在每个人的心里，都会有自己想要的人生，而要实现自己的人生理想，首先需要你改变现状、告别现在的舒适区，因为躲在安全地带，看似安全，其实是最大的冒险，要知道，日新月异的现代社会，只要你稍微不留意，就有可能被人赶超甚至取代，那么，你不妨冷静下来，认识一下真正的自己，如果你觉得现在的人生遗憾，不是你想要的，不妨递给它一份辞呈、重新去找寻自己想要的人生吧！

勇敢尝试新事物，适应新需要

“物竞天择，适者生存”这是自然界生物进化的基本规律。在这个变化、竞争的时代，如果你能适应这种变局，并用于自我改变和突破，你就能成为强者，相反，不进则退，如果故步自封，就会面临巨大的危险。

的确，任何人，只有不断地剥落自己身上的缺点，只有随时自省才能实现自己的进步、完善、成长和成熟，而实际上，生活中，我们发现，不少人年纪轻轻，就显得过于老成，让自己的思想被所谓的危险意识束缚，让自己的手脚被条条框框束缚而不敢释放自己，而最终，他们也只能碌碌无为。

相比之下，那些被思维定式束缚的人，不善于改变通的人，纵有一身过硬的本领，也会因为不懂得因时因地变通，而无法捕捉和把握稍纵即逝的机会，从而无法成功。的确，很多时候，我们认为自己获得的知识、技能已经足够多了，而实际上，在瞬息万变的当今社会，真正的危险不是经验的不足，而是故步自封，跟不上时代的步伐。一个人要想成功，勇气、努力都必不可少，但更重要的是，人生路上要懂得与时俱进，要懂得不断收集各种资讯，使自己对环境和追求的事业的方向有更充分的了解。因为一个人只有了解地越多，才越有应变的能力。

一个懂得不断改变自己的人，往往能及时适应客观世界的改变，并抓住发展的机会，在变革中求生存，并最终成就一番事业。事实上，那些精通“尝试”技巧的人，并没有什么聪明才华，但他能够在一生中有所建树，有时甚至是惊人的成就，无非是因为他们使自己变成了击不倒的竞争者。

美国底特律有位妇人，名叫珍妮，她原本是一位极为懒惰的妇人。后来，她的丈夫意外去世，家庭的全部重担都落在她一个人身上。她不仅要付房租，而且还要抚养两个子女。在这样贫困的环境下，她被迫去为别人做家务。她白天把子女送去上学后，便利用下午时间替别人料理家务。晚上，子女们做功课，她还要做一些杂务。就这样，懒惰的习惯渐渐被克服了。

后来，她发现许多现代妇女外出工作，无暇整理家务，于是她灵机一动，花了七美元买来清洁用品和印刷传单，为所有需要服务的家庭整理琐碎家务。这项工作需要她付出很大的精力与辛劳，她把料理家务的工作变成了专一技能，后来甚至连大名鼎鼎的麦当劳快餐店也找她代劳。

现在她已经是美国90家家庭服务公司的老板，分公司遍布美国很多个州，雇用的工人多达8万人。

珍妮的成功事例告诉我们，一个人的贫穷大多是由于懒惰、贪图安逸、不愿意奋斗而造成的。假如一个人不愿意奋斗，自甘过着贫穷的生活，那他就永远无法摆脱困境，连上帝也没办法拯救他。相反，勇敢地尝试新事物，可以发现新的机会，使你迈进从未进入的领域。生命原本是充满机会的，千万别因放弃尝试而错过机会。

而实际上，做到突破和改变自我并不是一件易事，因为我们每一个人都有一个固定的思维方式，在这个思维方式中我们所有想法做法都是在一定的范围内的，而在我们所定的这个范围之外还有很大一片天地，我们只是没有尝试去体验，外边的世界很精彩。所以说我们要学会打破传统及固有思维方式去尝试一些我们从来没有运用过的方式来解决一个问题，这样我们会做得更好。

有时候，动物在生命受到威胁的时候，也会积极思考，为自己寻找出路，而不是坐以待毙。

老鹰是世界上寿命最长的鸟类，它的年龄可达70岁。要活那么长的寿命，它在40岁时必须做出困难却重要的决定。

当老鹰活到40岁时，它的爪子开始老化，无法有效地抓住猎物。它的喙变得又长又弯，几乎碰到胸膛。它的翅膀变得十分沉重，因为它的羽毛长得又浓又厚，使飞翔十分吃力。

它只有两种选择：等死或经过一个十分痛苦的更新过程——150天漫长的磨练。

它必须很努力地飞到山顶，在悬崖上筑巢。停留在那里，不得飞翔。老鹰首先用它的喙击打岩石，直到完全脱落，然后静静地等候新的喙长出来。它会用新长出的喙把指甲一根一根地拔出来。当新的指甲长出来后，它们便把羽毛一根一根地拔掉，5个月以后，新的羽毛长出来了。

动物尚且能做到如此，我们人类呢？如果你渴望成功，就应该跨越传统思维的障碍，都应该时时刻刻寻求新的变化，并敢于释放自己，去努力拼搏一番。事实证明，如果能够跨越传统思维障碍，掌握变通的艺术，就能应对各种变化，在变化中寻找到新机会，在变化中获取新利益。

因此，我们要明白，要想获得一番成就，就必须释放思想，勇敢尝试新事物，适应新需要，对此，你需要做到：

1.打破现有的安逸假象

一个人不愿改变自己，往往是舍不得放弃目前的安逸状况。而当你发觉不改变是不行的时候，你已经失去了很多宝贵的机会。所以，聪明人总会主动打破现有的安逸假象，努力改变自己、更新自己，迎接新的开始。

2.释放自己并不等于流放自己

无疑，有人会因为释放自己收获精彩人生，但也有人会因为追求现世安稳碌碌无为，还有人会把释放变成了流放，在外面世界经历太多无奈与艰难。面对越来越多年轻人不敢“释放自己”，我们不禁要问，到底是他们不勇敢，还是外面太不安全？实际上，释放自己并不等于流放，坚持自己的原则，坚持自己的信念和梦想，不被世俗冲淡热情，你同样能收获幸福和成功！

总之，在我们的生命中，有时候必须做出困难的决定，开始一个更新的过程。只要我们愿意放下旧的包袱，愿意学习新的技能，我们就能发挥自己的潜能，创造新的未来。我们需要的是自我改革的勇气与再生的决心。

自我设限，只能白白浪费大好机会

生活中，我们常常听到这样一句话“人生的高度，来自于心灵的高度”，这句话是要告诉我们，任何人，绝不能自我设限，一个人，一旦自我设限，就在心里种下了“不可能”，自然会白白浪费很多机会。

的确，我们发现，许多人不敢追求成功，原因并不是追求不到成功，而是他们在还没有开始追逐之前就在心里默认了一个“高度”，这个高度常常暗示自己：成功是不可能的，这个是没办法做到的。这就是自我设限。

“心理高度”成为了人们无法取得成功的根本原因之一，自我设限是一件很悲哀的事情，任何一个人，一旦认为自己做不到，他就真的做不到了，所以，我们要将成功的信念注入血液之中，不断地告诉自己“我能行”“我努力就一定能成功”“我是最优秀的”，不断增强自信心，勇于向成功奋进。如果你不逼自己一把，那你根本无法想象你是多么的出色。

摩托罗拉的一名主管声称："得美国国家品质奖，有一种金钱买不到的奇效。"这就是目标的效力，有什么样的目标就有什么样的人生。目标使我们产生积极性。

著名撑杆运动员布勃卡有句名言："记录就是用来打破的。"多么狂妄而又多么激励人心潮澎湃啊！他不断打破自己创造的记录，不断突破人们心目中运动的界限。因为陶醉于突破人体力的界限，他没有高处不胜寒的孤寂，他忘记了身体上的劳累与痛苦，他才创造了一个又一个不可思议的记录，突破了公认的体力界限。在挑战与突破界的束缚过程之中，他自然也就有非凡的撑杆成绩，有了别人无法比拟的超高水平。

心理学家告诉我们，很多时候，人们不是被打败了，而是他们放弃了心中的信念和希望，对于有志气的人来说，不论面对怎样的困境、多大的打击，他都不会放弃最后的努力。因为成功与不成功之间的距离，并不是一道巨大的鸿沟，它们之间的差别只在于是否能够坚持下去。

2001年5月20日，美国一位叫乔治·赫伯特的推销员，成功地把一把斧子推销给了布什总统。布鲁金斯学会为此把刻有"最伟大推销员"的一只金靴子赠予了他。

在推销斧头之前，正值克林顿当政，当时学会给学生出的题目是：请把一个三角裤推销给克林顿总统。这个题目难倒了所有学员整整8年。基于前8年的失败与教训，许多学员垂头丧气，因为布什是一种典型的美国西部牛仔的性格：刚硬、倔犟、不容易接近。但赫伯特没有轻言放弃，他相信小布什总统德克萨斯州的农场肯定有需要斧头的时候。但是仅仅这样远远不够，必须赋予斧头一定的情感价值，才能打动布什的心。于是他开始潜心研究布什总统的喜好，比如，穿衣的风格、特别的嗜好等。渐渐地，终于准确地把握了布什的心态。

成功后，面对记者的采访，赫伯特说："我认为，把一把斧头推销给布什总统是完全可能的，因为布什总统在德克萨斯州有一个很大的农场，里面绿树成荫。于是我胸有成竹地给他写了一封信：'总统阁下，有一次，我有幸参观您的农场，发现里面长着许多矢菊树，有些已经死掉，我想，您一定需要一把小斧头……'然后，布什总统真的给我汇了15美元。"

很多时候，不是因为有些事情难以做到，而是你自我设限、不愿立即去做。从现在起，把"做不到"从你的词典中删去吧，我们也应该这样想："不是做不到，只是暂时还没有找到解决问题的方法。"在成功者的眼里，越是不可能做成功的事，越可能成功。

因此，我们每个人都应该明白突破自我的重要性，并且敢于释放自己、改变自己、积蓄力量，只有这样，才能在机遇来临时一飞冲天。

当然，我们除了要突破现在的成绩，还应突破传统的经验、思维定式等。摆脱不了思想的禁锢，人们永远也不可有进步。

在西方，有位很出名的科普作家，也是位博士，他被大家公认为是聪明的人，他从小就展现出了超人的智慧，也参加了很多“智商测试”，得分总在160左右，也就是智商超群的人，为此，他一直很自豪。

一次，他在街上遇到了自己十分熟悉的一位汽修工人，这位工人对他说：“嗨，博士！我来考考你的智力，出一道思考题，看你能不能回答正确。”

博士点头同意。修理工便开始说题：“有一位既聋又哑的人，想买几根钉子，来到五金商店，对售货员做了这样一个手势：左手两个指头立在柜台上，右手握成拳头做出敲击的样子。售货员见状，先给他拿来一把锤子，聋哑人摇摇头，指了指立着的那两根指头，于是售货员就明白了，聋哑人想买的是钉子。聋哑人买好钉子，刚走出商店，接着进来一位盲人。这位盲人想买一把剪刀，请问：盲人将会怎样做？”

博士顺口答道：“很简单，盲人肯定会这样。”说完，他开始做手势——他伸出食指和中指，做出剪刀的形状。汽车修理工一听笑了：“哈哈，你答错了吧！盲人想买剪刀，只需要开口说‘我买剪刀’就行了，他干吗要做手势呀？”

面对修理工的回答，博士不得不愿赌服输，看来他自己还真是个笨蛋，而此时，修理工继续说：“在考你之前，我就料定你肯定要答错，因为你受的教育太多了，不可能很聪明。”

这里，修理工所说的“你受的教育太多了，不可能很聪明”，并不是因为学的知识多了人反而变笨了，而是因为人的知识和经验多，会在头脑中形成较多的思维定式。

因此，我们每个人都应该明白突破自我的重要性，要时刻关注自己，时刻寻求新的突破，并敢于释放自己、改变自己。

跨越自卑，掌控自己的人生

关于自卑心理，心理学家称，自卑是一种长时期的心理状态，有自卑心理的人，就如同披着海绵在雨中行走一样，包袱会越来越重，直至压得人喘不过气。它会让人心情低沉，郁郁寡欢，常因害怕别人瞧不起自己而不愿与别人来往，只想与人疏远，缺少朋友，甚至内疚、自责、自罪；他们做事缺乏信心，没有自信，优柔寡断，毫无竞争意识，享受不到成功的喜悦和欢乐，因而感到疲惫，心灰意冷。

可见，生活中的人们，如果你也是个内心自卑的人，那么，从现在起，你必须重新认识自己，解开自卑的枷锁，找回自信。

作为美国大名鼎鼎的法官，任何人都难以想象出库伯年轻时是一个多么的胆小怯懦的人。原来，库伯出身贫寒，他的父母都是贫穷的人，父亲是个裁缝，母亲则是个普通的家庭主妇，这也就注定了他们的家只能在贫民窟里，而且一贫如洗。因为家里没有钱买煤块取暖，所以库伯从小就拎着一个破破烂烂的筐去附近的铁路上捡火车上掉落的煤渣，这让他觉得无比自卑。为了避免被同学们看到他的囧样，他常常绕道而行，从不为人知的小路穿过。然而，同学们还是很快发现了库伯的所作所为，因而他们等在库伯的必经之路上，竭尽所能地羞辱他，嘲笑讽刺他。有的时候，他们还会欺负他，把他辛辛苦苦捡到的煤渣撒得到处都是，可想而知，童年时期的库伯始终生活在自卑和恐惧的阴影中。

一个偶然的机会，库伯读了《罗伯特的奋斗》这本书。在这本书里，他看到了一位和他出身相似的少年，始终没有向着低微贫贱的生活低头，而是不屈地奋斗着，最终战胜了一切困难，成为了人生的强者。从此之后，库伯爱上了作者赫拉修的书，他总是想法设法地借来赫拉修的书，然后如饥似渴地读完。在几个月后的有一天，库伯再次去捡煤渣，当看到三个鬼鬼祟祟的身影跟在他的身边，企图再次欺辱他时，他原本情不自禁地想要逃跑，最终却勇敢地抓起煤筐中的煤渣，就像一个真正的英雄一样勇敢无畏地朝着那三个身影走过去。这场硬仗之后，库伯彻底扬眉吐气，再也不害怕任何人的欺辱了。从此之后，他的人生字典中再也没有恐惧二字。

库伯的成长经历决定了他的自卑胆怯和懦弱，然而，在受到书中人物的鼓舞之后，他的精神世界越来越充实。也因此，精神上的巨人让他成长为真正的巨人，也使他在备尝生活的艰辛之后，变成了人生的强者。

心理学教授说，自卑是一种消极的自我评价或自我意识，即个体会因为自己某些方面不如人而产生一些对自己不信任的消极情感，而自卑感就是对自己的能力、品质、外貌等各个方面的评价都偏低的一种消极的自我意识。具有自卑感的人总认为自己事事不如人，自惭形秽，丧失信心，进而悲观失望，不思进取。被自卑感所控制，他不仅看不到自己的长处，影响自身的创造力的发挥，还会束缚器正常的精神生活。

德国人力资源开发专家斯普林格在其所著的《激励的神话》一书中写道："人生中重要的事情不是感到惬意，而是感到充沛的活力。""强烈的自我激励是成功的先决条件。"所以，学会自我激励，就是要经常在内心告诉自己，我相信自己可以做到。如果你的心被自卑掩埋，那么，你已经输了。有自信，那么即使面对逆境，也能泰然自若。这种强而有力的信心，事实上便是来自于自信。换言之，自信是力量增长的源泉。

其实，战胜自卑并非难事，不要过于看重一次的失败与丢丑，不要因先天的缺陷而抬不起头，在生活中报以平和的心态对待周围的人和事情，慢慢地，当你鼓起自信的风帆，划动奋斗的双桨，你一定会发现一个生气勃勃的你，一个潇洒自如的你，一个成功的你！

心理学家认为，我们要想克服自卑，从自卑走向超越，还需要做到的是：

1.运用补偿心理超越自卑

这种补偿，其实就是一种“移位”，即为克服自己生理上的缺陷或心理上的自卑，而发展自己其他方面的长处，优势，赶上或走过他人的一种心理适应机制，正是这一心理机制的作用，自卑感就成了许多成功人士成功的动力，成了他们超越自我的“涡轮增压”。

2.昂首挺胸，快步行走

许多心理学家认为，人们行走的姿势、步伐与其心理状态有一定关系。懒散的姿势、缓慢的步伐是情绪低落的表现，是对自己、对工作以及对别人不愉快感受的反映。步伐轻快敏捷，身姿昂首挺胸，会给人带来明朗的心境，会使自卑逃遁，自信滋生。

3.学会微笑

我们都知道笑能给人自信，它是医治信心不足的良药。如果你真诚地向一个人展颜微笑，他就会对你产生好感，这种好感足以使你充满自信。正如一首诗所说：“微笑是疲倦者的休息，沮丧者的白天，悲伤者的阳光，大自然的最佳营养。”

我们要明白，站在人生的舞台上，你真实的表演并非为博得别人的掌声，更多的是为了得到自己心灵深处的快慰。

4.以自己的方式追求自我

的确，青春期是个性张扬的一代，因此，你完全可以有自己喜欢的发型、喜欢流行音乐、说家长们搞不懂的流行话语……这些方法可以很好改善自己和你的自卑情结。

总之，你要随时告诉自己：我是自信的，我是美丽的，我有实力，我的专业能力是最棒的！你必须有自信心，对认准的目标有大无畏的气概，怀着必胜的决心，主动积极地争取！

勇敢尝试，将“不可能”变为“可能”

我们生活中的大部分人，都过着朝九晚五、三点一线、按部就班的生活，如果你问他有没有梦想，他认为自己有，并且幻想着自己成功的无数可能，然而，当你问他们为什么没有奋力一搏时，他们开始感叹人生，抱怨自己生不逢时，自己没有高学历、没有资本，没有贵人相助……总结起来，就是他们认为“不可能”，殊不知，正是因为这些自我设限的借口，让他们的人生成了一件板上钉钉的事，当他们看到别人获得成就时，又艳羡不已，而其实，我们任何人的生命，都有无限种可能，前提是你要敢于突破、勇于进取。

的确，如果你毫无野心、做一天和尚撞一天钟，那么，你永远只会庸庸碌碌、毫无成就。的确，进取心是人类聪明的源泉，它是威力最强大的引擎，是决定我们成就的标杆，是生命的活力之源。

所以，激发人生的种种“可能”，首先需要你摒弃“不可能”的观念，并做到突破自我、勇敢尝试。

在美国，有一群贫穷孩子，他们从未离开过自己生活的小镇。但他们为这样的梦想而激动——“我们要周游世界！”

这些靠救济生活的孩子打算通过在报上刊登募捐广告来筹集旅费。但是，高达1.2万美元的广告费从何而来？沉浸在梦想中的孩子们，为实现自己的愿望，开始寻找所有力所能及的杂活，如洗车、卖报、卖花，一美分一美分地为实现梦想而挣钱。

媒体报道了孩子们的壮举，篮球名将迈克尔·乔丹为之深深感动，以圣诞老人的名义给孩子们寄来了一张1.2万美元的支票，孩子们精心设计的广告终于刊登出去了，结果他们收到了来自世界各地8000多封信，并且每天都有好心的捐款人出现。而让整个小镇沸腾的事是总统亲自来信，邀请孩子们去白宫做客！

毫无疑问，这是一个关于梦想的真实故事，也是一个关于野心的故事。对于普通人来说，如果你终生没有野心，可能会活得平安、平淡，但绝不会感受到较大的成功的喜悦和幸福，更感觉不到生活的价值。

可见，想法决定活法，即便你起点低，但人生总是充满无限的可能，而且，几乎所有的成功人士，刚开始所从事的工作都是卑微的，甚至是烦琐的，无聊的，但他们却不忘积聚自己的实力，在长久的努力中，他们厚积薄发，实现梦想。

小王是一名企业员工，他在十八岁那年高考失利后就进入了现在这家公司。

这家公司人才济济，但因为小王只是高中学历，所以他只能从事最简单的产品装配的工作，但他不甘心，于是，利用上班之余的时间，他拿起了书本，自学了很多与该产品有关的知识，并自考了一些其他课程。

转眼，小王已经工作五年了。这家企业每五年会举办一个大型的青年知识大奖赛，参加这次比赛的人多半是一些高学历的人，但小王还是报名了。他的参赛作品是关于公司生产部门的机器流程改造图。公司高层一见到这幅图，就惊呆了，一个生产流水线上的工人怎么可能会制作出如此让人惊叹的图呢。于是，他们找来小王，就图纸进行了一番理论讨论，他的说明，让在座的领导们都瞠目结舌。“我看你的简历，你只不过是个高中毕业生啊，怎么会……”

“是这样的……”

听完小王的叙述，众领导一致表示：“单位的员工要都是有你这样的学习精神，该有多好。”

很快，小王收到通知，他被升为了技术主管，负责他所提出的这一项目的改造工程。

这则职场故事中，我们见证了一个普通员工的升迁过程。员工小王之所以会被领导赏识，在众人中脱颖而出，就在于他能利用空余的时间不断学习、不断完善自己的知识结构，充实了原本知识不足的自己。

的确，生活中，有太多的人，他们把一生浪费在了只有一种可能的循环往复中，他们白白浪费了宝贵的生命。多少人，他们曾经是一个英姿飒爽满怀梦想的少年，但如今已步履蹒跚却一事无成。果你不想重蹈他们的覆辙，你就要告诉自己，选择去尝试，勇敢一点，才不会让自己后悔。

那么，我们如何激发出人生的无限种可能呢？

1.大胆编织梦想

为自己编织一个伟大的梦想吧，也许你会说，现在每天的生活已经平淡无奇甚至要被高强度的工作压得精疲力尽了，梦想早就已经化为云烟随风远去了。但请记住，能用自己的力量去创造自己美好人生的人，一定拥有超大的梦想和超过自身能力的愿望。

的确，生活中，很多人也充满理想，但一旦把自己的理想和现实联系起来的时候，他们就退却了，就认为不可能，而这种“不可能”，一旦驻扎在心头，就无时无刻不在侵蚀着我们的意志和理想，许多本来能被你们把握的机遇也便在这种“不可能”中悄然逝去。其实，这些“不可能”大多是人们的一种想像，只要你能拿出勇气主动出击，那些“不可能”就会变成

“可能”。

2.心理上超越“不可能”的思想观念

任何人想要解决问题，必须在他的思想中超越问题。这样，问题就不会显得如此令人畏惧。而且他会产生更大的信心，深信自己有能力去解决它。

在你进行尝试时，你难免会产生一种“不可能”的念头，比如，认为自己不能解决某道被人认为很有难度的数学题，但对此，你必须要从心理上超越他，只有这样，你才能站在较高的位置上，俯视你的问题。

3.勤于学习，丰富知识，开阔视野

在我们的日常生活和工作中，常常用视野比喻人的眼界开阔程度，眼光敏锐程度，观察与思考的深刻程度等。可以说，视野是不是开阔，是衡量人的综合素质的重要标尺。而视野开阔与否，取决于对知识掌握多少，取决于思想理论水平的高低。常言道，学然后知不足。勤于学习的人，越学越能发现自己的不足，于是想方设法充实自己、提高自己，学到更多的东西，视野会随之越来越开阔，跟上前进的步伐。

4.脚踏实地，做好手头事，在平凡中实现自我蜕变

无论你现在从事什么工作，你的职位如何，那种大事干不了、小事又不愿干的心理都是要不得的。要知道，没有人可以一步登天，当你认真对待每一件小事，你会发现自己的人生之路越来越广，成功的机遇也会接踵而来。能否把握细节并予以

关注就成了一个人的素质体现与能力体现。

总之，如果你想实现卓越，活出一个不平凡的人生，那么，一切还来得及，从现在起，就尽早为自己树立一个足以为之奋斗的理想吧。一个连想都不敢想的人又怎么会成功呢？

从现在起，抓紧时间经营自身优势

我们都知道，任何人不会随随便便成功，都是付出了常人无法企及的努力，同时，成功也要突破，就不能安于现状。做到突破，就要从现在开始，找准方向，逐步经营自身优势，提高自己，抓紧时间提高自己，你就能拼搏出属于自己的一片天地。

的确，那些聪明的人，总会去做自己擅长的事情，因为做不擅长的事情，就算我们再努力，顶多也就是不会被别人落下太远，要想出人头地是很难的。而做我们擅长的事，则可以让我们有可能成为那个领域的精英，少走许多弯路，更加轻松地走到成功的顶点。

伊辛巴耶娃，世界上第一个，也是唯一一个越过5米的俄罗斯女子撑杆跳运动员。众所周知，在撑杆跳这项运动中，伊辛巴耶娃确实是非常成功的。但是，谁能想到，她最初的梦想根本不是撑杆跳，她那时候最喜欢的是体操。

伊辛巴耶娃从小就对体操情有独钟，她梦想着自己有一天能成为世界体操冠军。为了实现自己的目标，她没日没夜地练习着体操，不管是寒冷的冬天，还是炎热的酷暑，伊辛巴耶娃对练习体操都不敢有一丝的懈怠。遗憾的是，随着年龄的增长，伊辛巴耶娃个子越长越高。对于一个体操运动员而言，高挑的身材反而是一种缺陷。比如，其他运动员能够翻四个跟头，太高的伊辛巴耶娃却因为个子太高只能翻两个半。显而易见，伊辛巴耶娃1.74米的身高在体操队中没有任何竞争优势。

这该怎么办？如果继续在体操这条路坚持下去，最终只会碌碌无为，甚至有可能越来越处于劣势。于是，伊辛巴耶娃经过客观的分析、权衡，她果断地告别了体操队，不过她依旧没有放弃自己曾经的梦想——成为世界冠军。她想到自己个子高，于是，她又将梦想寄托在能够充分发挥自己身高优势的撑杆跳运动上。

经过不懈的努力，终于，伊辛巴耶娃在撑杆跳运动中赢得了举世瞩目的成就。她在24岁时就成为了历史上最出色的女子撑杆跳运动员，曾十多次打破世界纪录，拥有5项重要赛事的冠军头衔：奥运会，世界室内、室外锦标赛，欧洲室内、室外锦标赛。

富兰克林曾说：“宝贝放错了地方就成了废物。”年轻人要找准自己的方向，学会经营自己擅长的项目，能够让自己的人生增值，而经营自己的短板，只会让自己的人生贬值。伊辛巴耶娃无疑是聪明的，她放弃了自己喜欢但不能发挥自己优势的体操运动，转而选择更具优势的撑竿跳运动，从而成就了自己的世界冠军梦想。

所以，年轻人别把时间浪费在难以弥补的缺点上面，不要再让所谓的“短板”阻碍自己的成功之路。那么，我们该如何经营自己的优势呢？

1.准确定位自己

一个人需要了解自己擅长的领域，努力让工作向这些兴趣爱好方面靠拢，这样就可以最大限度地发挥自己的才能，做事情也更容易成功。对自己有了准确的定位，就会知道自己在干什么，为了什么，未来会成为什么样的人，有了信念，才会努力奋斗。

我们可以给自己一个清晰而合理的目标，在较短的时间内、正常的努力幅度下，它是能高高地踮脚就能够到的，这样的目标才会对你的人生拥有推进的作用。而那些看似远大，只能当作谈资而最终束之高阁的理想，对于它的过分追求，最终成为一种妄想。

只有每次只面对一天，并且把每一天都当作一辈子来过，我们才会万分珍惜这宝贵的一天的每一分、每一秒时光。把每一天都当作一辈子来过，那么，谁还会有时间，去挥霍、去做些无用功呢？

2.寻找到合适的方向

只知道跟在别人身后漫无目的地奔跑，结果会自食其果。现实生活中，是否也有很多这样的人呢？拥有自己的方向，并懂得正确努力的人，就如一个高尔夫球高手一般，才会在生活这唯一一次的竞赛中取得优异的成绩。

荷马史诗《奥德赛》中有一句至理名言：“没有比漫无目的地徘徊更令人无法忍受的了。”没有方向的迷茫会造成内心的恐慌，在徘徊中挣扎，最终不过是一个平庸的人生。因为无头苍蝇找不到方向，才会处处碰壁；一个人找不到出路，才会迷茫、恐惧。所以，年轻人，首先找到前进的方向比努力自身更重要。

3.同时切实提高自己各方面能力

一个人只专注于某一方面特长或者某一爱好，一般在此方面投入的精力更多，期望也就越多，一般也就容易取得成绩，也容易自满，但“人外有人，山外有山”，即使你这次成功了，但并不一定代表你永远成功。而如果你能培养多方面的能力、兴趣、爱好等，那么，你在拓展视野的同时，也会学习到各种抗挫折的能力、知识、经验等，具有较完善的人格，这对于提高自己的自理能力、交往能力、学习能力和应变能力都有很大的帮助，也有助于你独自战胜困难提供勇气和方法。

4.勇于创新

骄傲自满，你将很快就被超越。而只有进步才能获得更强的竞争力。然而，没有创新就不可能取得进步。因此，你应该将自己的求知欲望和求知兴趣激发出来，鼓励自己多参与动脑、动手、动眼、动口，使其善于发现问题，提出问题，并尝试用自己的思路去解决问题。

任何人要想不断进步，就必须保持谦逊的心态，脱胎换骨，虚心学习，全面接受新知识，全面适应新环境，全面构建新素质，而不能骄傲自满，更不能自以为是。

第3章

你荒废的时间，会有多少人用来拼命

生活中，我们经常听到一些人说，年轻就是资本，年轻人有大把时间追逐梦想，但是人生同样也很短暂，我们浪费时间就是浪费生命，事实上，但凡有所成就的人，他们的成功无不是抓住了时间的缰绳努力拼搏得来的，“一寸光阴一寸金，寸金难买寸光阴。”这是古人常告诫人们要珍惜时间的警言，我们每个人都应该趁着还年轻，珍惜时间，并充分利用它，我们做事的效率就会提高很多，就不会“瞎忙”，我们的时间也会逐渐充裕起来。

你的时间都去哪儿了

人们常说，人生苦短，行色匆匆，有的人青云直上、事业有成，有的人庸庸碌碌、毫无作为，这两种完全不同的人生情景，实则来源于截然不同的两种人生态度，前者珍惜时间、勤奋拼搏；后者则懈怠拖延、行动迟缓。我们每个人每天都只有24个小时，转瞬即逝，成功人士的共同点之一，就是珍惜时间。你要明白，无论是谁，每天都有24小时。比之时间长河，人的一生是那样短暂。你只有抓紧每天的时间学习，才不会让人生虚度。

生活中的你，可能钦羡那些成功者的光环，但你可曾想到的是，当你正在荒废时间、吃喝玩乐时，他们正在奋力拼命向前、积攒实力，的确，勤奋可以使聪明之人更具实力，而相反，懒惰则会使聪明之人最终江郎才尽，最终成为时代的弃儿。生活中的人们，如果你是个懒惰的人，那么，从现在起，你最大的任务就是赶走惰性。

实际上，任何人，只要我们能充分利用好时间，不浪费每一分钟，那么，你必当会成才。有些人只是利用好了几年，有些人只重视年轻时代，而成功者在尽量利用好每一天，甚至能利用好每一分钟乃至每一秒钟。他们很少有浪费时间的行为，他们的成功实质上就是时间利用上的成功。

一天，一个青年从达尔文家门前走过，当他知道躺在门口晒太阳的那个生病的老人就是著名的达尔文时，他很诧异地问道："达尔文先生，你这样体弱多病，怎么还可以做出那么多的成就呢？"

达尔文回答说："因为我从来不会认为三十分钟是微不足道的一段时间。"

达尔文是个非常珍惜时间的人，曾经在给苏珊·达尔文的信中，他这样写道："一个只会白白浪费一小时的人，就不懂得生命的价值。"

智者总是劝我们珍惜时间、努力充实自己，而我们常常称没时间，有人算过这样一笔账：只要每天临睡前挤出15分钟看书，一年就可以读20本书，这个数目是可观的，远远超过了世界上人均年阅读量。然而这并不难实现。

大发明家爱迪生并不是一个学历很高的人，事实上，他只上过三个月的小学。他后来的成就，第一归功于母亲的教导，第二就是因为他珍惜时间。

爱迪生在做研究期间，经常对自己的助手说："浪费，最大的浪费莫过于浪费时间了。"因此，他常常告诫自己：人生太短暂了，要多想办法，用极少的时间办更多的事情。"

一天，爱迪生在工作时，交给助手一个任务——测量一下灯泡的容量，交代完事情以后，他又埋头工作了。

过了一会儿，他问助手，你测出来的结果是多少，没想到，助手还在慌忙地测量灯泡的各个数值——周长、斜度等。

看到这里，爱迪生着急地说："时间，时间，怎么费那么多的时间呢?"于是，他走过去，接过灯泡，向里面注满了水，交给助手，说："里面的水倒在量杯里，马上告诉我它的容量。"助手立刻读出了数字。

爱迪生说:"这是最简单的测量方法了，既准确又节约时间，你怎么想不到呢？还去算，那岂不是白白地浪费时间吗?"助手的脸红了。

爱迪生喃喃地说:"人生太短暂了，太短暂了，要节省时间，多做事情啊!"

历数古今中外一切有大建树者，无一不惜时如金。数学家华罗庚说过："成功的人无一不是利用时间的能手！"古书《淮南子》有云："圣人不贵尺之璧，而重寸之阴。"我们任何人，都应该把握好每一分每一秒的时间，时间往往不是一小时一小时浪费掉的，而是一分钟一分钟悄悄溜走的，我们每个人的一天只有24个小时，所以应该珍惜时间去充实自己。的确，一个人如果认识到时间的重要，看到自己水平不高，感到时间的紧迫，就会自觉地去利用零碎时间。

对此，你可以这样做。

1.要克服懒惰，选择行动

一个人之所以懒惰，并不是能力的不足和信心的缺失，而是在于平时养成了马虎大意、懒散拖延的习惯，以及对事情敷衍塞责的态度。

要珍惜时间，首先就要改变态度，必须要改变态度，以诚实的态度，要付出积极和扎实的努力，只有这样，才能真正将每一件事做好。

2.强迫执行，勤奋起来

良好习惯形成的过程，是严格训练、反复强化的结果。我们著名教育家叶圣陶先生也认为，要养成某种好习惯，要随时随地加以注意，身体力行、躬行实践，才能“习惯成自然”，收到相当的效果。我们在改变拖延习惯的过程中，也一定要严格要求自己，决不允许自己有怠惰的行为。

3.制订计划，节省时间

你可以每天睡前拟订一份计划，是关于第二天生活和工作的内容，分为最重要的，其次的，不重要的。当你感觉好的时候，先完成最重要的，然后依次完成其他。做任何事都需要有心思，心不在焉，效率不好，无所谓充分利用时间。

4.以较小的时间单位办事

这样有利于充分安排和利用每一点点时间，一时节约的时间和精力或许不多，但长期积累，可节约大量的时间。

许多科学家、企业家、政治家办事常以小时、分钟为单位，而一般人常以天为时间单位。美国人办事常以小时、分钟为单位来计算，而我们办事常以一天、一周为单位来计算。

5.多限时

人的心理很微妙，一旦知道时间很充足，注意力就会下降，效率也会跟着降低；一旦知道必须在什么时间里完成某事，就会自觉努力，使效率大大提高。所以，你可以充分发挥自己的潜力，多给自己限时办事或者学习。

那么，从现在起，我们每一个人，都要懂得时间的宝贵，从现在开始好好珍惜青春的大好年华，努力充实自己。

别让手机偷走你的时间

现代社会，随着科学技术的发展，我们已经进入信息数据时代，无论是大街上，还是公交车、地铁、办公场所甚至是家中，几乎人手一部手机，其实，人们没有认识到一点，手机给我们带来便捷的同时，也正在偷走现代人的时间。

特恩斯市场研究公司（TNS）是一家全球性的市场研究与资讯集团，他们最近的一项研究显示，在全球16~30岁的用户每天使用手机的时间，平均为3.2小时，而中国手机用户的平均使用时间为3.9小时，在TNS的调查结果中，中国用户每天使用手机的时长仅次于泰国的4.2小时，位列全球第二。换言之，大部分中国人24小时，除去睡觉的8小时和吃饭的2小时，剩下的14个小时里，除工作没有空玩手机，剩下的时间有接近4个小时在使用手机，几乎占到了所有剩余时间的一半。

你是否也有这样的状态：

早上起来第一件事就是找手机、吃饭看手机、上卫生间带手机，只要手机不在身边，就缺乏安全感，想必大部分人的答案都是肯定的。如果你的答案也是肯定的，那么，你的时间正在被手机侵蚀。

那么，人们每天用手机都在干什么呢？

15岁的小刚、初三，成绩比较好，寒假的时候爸爸妈妈为他买了一部手机。主要用于查资料、联系家人。平时小刚只是在学习之余才上上网，大部分都用于学习。

不过，近一段时间，爸爸妈妈发现小刚用手机的频率比较高，经常是晚上就躲进家里的书房，刚开始，父母还以为小刚只是用电脑在学习，也没多注意。

后来有一次，父亲无意间经过书房，打算看一下小刚的学习情况。推开房门才发现小刚根本没有在学习，而是在玩游戏。

父亲当即十分生气：“小小年纪不学好，玩什么游戏，这会让你成绩直线下降的。”小刚很无辜地看着父亲，说：“可是班里的同学都在玩王者荣耀，他们天天谈论的都是游戏里的角色，我发现自己根本插不上嘴，我也是受他们影响，而且好多同学都会直接带手机去学校里玩，我只是晚上玩一会儿。”父亲当即打电话给老师了解情况，才知道不仅初中生，连小学生都陷入了这款游戏的诱惑之中，面对这样的环境，父亲表示很无奈。

其实，把花在手机上时间拿出来关注自己，你会得到更多，努力工作你会得到报酬，生活中多点时间关心身边的亲人，让生活更温暖，而不是拿着冷冰冰的手机光在朋友圈关心关注那些你压根就不熟的人，而放任亲人在身边不闻不问，让亲情渐渐冷却。

一些人会说，有手机更方面，但其实，大部分人用手机在做什么呢？据调查结果显示，使用社交网络和观看视频分别以46%和42%的比例占据使用频率的前两位，而在线购物以12%的比例位列第三。刷刷朋友圈，看看微博，逛逛淘宝，京东等，这些基本上是手机使用频率最高的行为。

大部分人玩手机上瘾、刷朋友圈上瘾，每天有空时就去刷下朋友圈，甚至有种感觉，工作一会儿就喜欢去点开看一下。其实很多时候别人都没有更新动态，刷了几次还是那几条。但是手就像着魔一样，总是想去看看。

另外，手机业务的发达，导致了一大批手游滋生。平日里喜欢在电脑上玩游戏的人，开始将注意力集中在手机上，毕竟比起电脑，手机更便于携带、更好操作。于是，人们会花更多的时间利用手机玩游戏。

曾有脑科学方面的专家对此进行研究后表示，每天长时间刷朋友圈会严重分散人的注意力。研究显示，脑的前额叶处理问题的习惯倾向于每次只处理一个任务。多任务切换，只会消耗更多脑力，增加认知负荷。因此，有科学家相信，这种“浅尝辄止”的方式，会使大脑在参与信息处理的过程中变得更加“肤浅”。美国学者甚至以“最愚蠢的一代”来讽刺信息时代的低头族们。

1.丢下手机，走出去多与人交流和沟通

在闲暇的时候，多进行瑜伽、打篮球、跑步、深呼吸等活动，让生活充实，同时也可以放松身心。不要让自己的生活太无聊了，当一个人无聊的时候，就会不断地用手机来填补空虚的兴奋感，好像手机是自己获取外界信息的唯一通道一样。

2.删除不必要的app应用程序，减少时间损耗

现在手机上打开一看，有的人装了很多APP应用，有购物、旅行、理财、游戏、微信、QQ等。手机上装的应用太多，会影响手机的运行速度，而商家推送信息则会干扰我们的注意力。对于手机上一些不常用的应用，可以删除，既可以腾出内存空间，还能够减少干扰，何乐而不为呢？

3.不带手机上床睡觉

很多人，早上一睁开眼睛的第一件事情，就是看一下手机，朋友圈有没有更新等。每天晚上睡觉之前，也要看手机，这样不仅伤眼，还会影响睡眠质量。而且睡觉时，将手机放在

旁边，不仅有辐射，还会总想着使用。

4.用更有意义的活动代替手机

不要一遇到问题，就想到手机，也许会其他更好地方法，从而减少对手机的依赖症。比如，在上班路上可以选择看书来代替玩手机。拍照的时候，可以用数码相机替手机。

不得不说，手机给我们的生活带来了很大的便捷但也让人与人之间面对面的交流变得越来越少，人们可能更愿意用发微信的方式来和朋友交流。凡事过犹不及，可别让手机占据了你全部的时间。

假如生命期限已到，你还迷茫吗

现代社会，对于时间的重要性，早已毋庸置疑，正如美国政治家杰斐逊曾说：“从不浪费时间的人，没有工夫抱怨时间不够。”因为时间是生命的构成部分，我们任何一个人都没有太多的时间挥霍。

可能你认为自己还处于人生刚刚开始的阶段，但你同样要利用好每一分钟的时间，不要等到逐渐老去的时候，才慨叹浪费了生命。

历数古今中外一切有大建树者，无一不惜时如金。数学家华罗庚说过：“成功的人无一不是利用时间的能手！”实际上，任何人，只要我们能充分利用好时间，不浪费每一分钟，那么，你必定会成才。有些人只是利用好了几年，有些人只重视年轻时代，而成功者在尽量利用好每一天，甚至能利用好每一分钟乃至每一秒钟。他们很少有浪费时间的行为，他们的成功实质上就是时间利用上的成功。

曾有人说："如果要想成为顶尖，那么就100%的实践，缺一分那就会差很多。一个人的成就，决定于一天24小时，你做了哪些不一样的事情。"可以说，每个人如何利用时间决定了其做事乃至人生的成功与否。你可能有很多人生目标，但梦想要成真的话，那么就是要有一个期限。当你把期限写下来之后，你就会清楚地了解，我这个目标是不是太快了，太慢了，还是太多都在同一个时间。都是长期目标的时候你要把它分成短期的行动方案，行动步骤。若发现你所需要的目标都是短期的，那就建议你去设立一些长期的目标。

我们常常觉得那些目标离自己太远，就是因为缺乏时间的紧迫性。

我们先来假设一下，有两个年轻人们，他们能力不相上下，也都一无所有，一个年轻人目标明确，总是积极向上、每天干劲十足、努力充实自己；另外一个年轻人，他目标模糊、满足于现状、每天浑浑噩噩、得过且过，想象一下，五年后，他们会有什么不同？

的确，尽管只是五年的时间，他们的差距已经显现出来了，前者通过自己的奋斗，已经小有财富，做人办事顺风顺水，事业越做越大、春风得意，而后者，稍微遇到一些问题，便慨叹自己解决不了，每天活在抱怨中，常常为生计、金钱而苦恼。

这两种人，你想做哪种？当然是第一种！但前提是你要为自己找到一个准确的定位，而不是得过且过。

因此，如果你觉得现在的工作和生活充满未知数、一片迷茫的活，那么，不妨运用这种方法，让自己认识到时间的紧迫性。

现在，我们不妨通过以下三个步骤来寻找自己做事的方向：

第一步，写出你的人生目标。

拿出一支笔、几张纸和一只表，你可以将时间限定在15分钟内。然后，你挑出一张纸，在纸的最上端写下问题，我的人生目标到底是什么？当然，这里的目标，在不同的人生阶段是不同的，所以你可以把人生目标看成自己当前看待人生的方式和视角。

接下来，你可以花上两分钟的时间列出所有的答案，比如，谈一场恋爱、去攀登珠穆朗玛峰、环球世界等，当然，你也可以列出一些在别人看来是幻想的事，毕竟，人有目标和梦想总是好事，你也不需要为这些想法负责，不过，你应该也有时间写下一些具体的目标，比如，为家庭，为社会能做出什么贡献，在经济和精神层面的目标等。

然后你可以多给自己两分钟，对刚才列出的清单进行必要的修改，达到让自己感到满意的水平。

如果仔细反省一下现在的生活模式，你或许能增添一两条内容，比如说，你在工作之外还有大把的业余时间，如果拿来为自己充电的话，是不是对未来的职业前景更有帮助？如果你有阅读报纸的习惯，那说明你希望了解时事信息，并希望从中找到乐趣。

第二步，缩短你的人生目标，如果你的人生只剩下三年，你怎么过？

在你做第一步时，你在纸上写的那些目标是自己想象出来的，也就是空泛的、没有实际意义的，比如说“获得幸福”“取得成功”“有所成就”“赢得爱情”“为社会做些贡献”等。在列出这些目标之后，你可以再给自己提问：我将如何度过以后三年时间？这里，如果你的年龄已经超过30岁的话，建议你把“三年”改成“五年”。此时，你是不是觉得奋斗的时间更少了，是否会产一种紧迫感？

同样，先给自己两分钟时间，尽量列出所有可能的答案，然后再给自己两分钟，对已经给出的答案进行补充。

第三步，假如只有六个月呢？

现在你可以从一个不同的角度写下第三个问题：如果自己得了重病，只剩下半年的时间了，那么，这六个月你又该怎么安排？

此时，想必你一定希望完成最重要的事。不过，在开始列出清单之前，你要尽量让自己相信所有与死亡相关的问题都已经得到了解决。你已经签完了自己的遗嘱，为自己选好了墓地等。所以在回答这个问题的时候，你所有的答案都应当集中在这六个月当中。

这个问题的目的在于帮助你找出那些对你非常重要，可你现在却并没有着手去做的事情，或者是那些你应当在今后六个月里关注的事情。你可以继续像现在这样生活；或者，如果你足够富有，你可以辞掉现在的工作，用自己的积蓄过完今后的六个月。你会怎么做呢？在两分钟时间里尽快写出答案，然后再用两分钟时间修改你的答案。如果你到现在还没动手，我建议你立即开始，从第一个问题开始。这是一项重要的练习，它将会让你受益无穷。

守时守信，才能交到真朋友

“一寸光阴一寸金，寸金难买寸光阴。”这是古人常告诫人们要珍惜时间的警言，孔老夫子也曾喟然长叹：“逝者如斯夫，不舍昼夜！”事实上，中国人是世界上最早认识时间之重要性的。不过，我们在为自己节约时间的同时，很多时候并未认识到他人的时间同样宝贵，正如鲁迅先生所说：“浪费自己的时间等于慢性自杀，浪费别人的时间等于谋财害命。”尼采也曾说：“让别人等待无异于不道德，会在不经意间令那人的人性变得邪恶。”

我们发现，越是守时的人，信誉就越高，越能获得人们的真诚信任。也就是说，与人打交道，我们也应尊重别人的时间，与人约会，约定好的时间就一定要出现，如果出现意外情况，一定要给予说明。

生活中，几乎我们每个人都想交到真朋友，但结交友谊，守时守信是第一大原则。因此，我们任何人，尤其是年轻人，要想在未来社会站住脚，就必须培养成自己说到做到、“言必行，行必果”的性格，答应别人的事一定要做到，答应别人的时间一定要守时，一个有信义的人，才是被人信任和青睐的。

宋庆龄的母亲叫倪桂芝。浙江余姚人。早年毕业于上海培文女子高等学堂，后在一所教会学校教书，爱好文学和钢琴。她是一位贤淑而且有教养的女性，同时又接受了西方文化的熏陶。

一个星期天，宋耀如准备带着全家去朋友家做客，孩子们大都穿好了礼服就要出发了，只有宋庆龄仍在钢琴前弹奏着那动听的旋律。

母亲喊道：“孩子们快走吧，伯伯正等着我们呢！”听到妈妈的喊声，宋庆龄立即合上琴盖，跑出房间，拉着妈妈的手就走，刚迈出大门，突然又停住了脚步。“怎么了呀？”一旁的宋耀如看到宋庆龄停住了脚步，不解地问道。“今天我不能去伯伯家了！”庆龄有些着急地说。“为什么不能去，孩子？”倪桂芝望着女儿说。“妈妈，爸爸，我昨天答应小珍，今天她来我家，我教她叠花。”庆龄说。“我原以为有什么非常重要的事情呢？这好办，以后再教她吧！”父亲说完，便拉着庆龄的手就走。

“不行！不行！小珍来了会扑空的，那多不好呀！”庆龄边说边把手从父亲的大手里抽回来。“那也不要紧呀！回来后你就到小珍家去解释一下，并表示歉意。明天再教她叠花不也可以吗？”妈妈说。“不！妈妈，您不说常说要信守诺言，我答应了别人的事，怎么可以随意改变呢？”宋庆龄不停地摇着头说。“我明白了，我们的罗莎蒙黛是一个守信用的孩子，不能自食其言是吗？”妈妈望着庆龄笑了笑，接着说：“好吧，那就让我们的罗莎蒙黛留下吧！”

宋耀如夫妇放心不下家中的小庆龄，在客人家吃过中午饭，就提前匆匆地回到家中。一进门，宋耀如高声喊道：“亲爱的罗莎蒙黛，你的朋友小珍呢？”宋庆龄回答说：“小珍没有来，可能是她临时有什么急事吧！”“没有来，那我的小罗莎蒙黛一个人在家该多寂寞呀！”倪桂芝心疼地对女儿说。“不，小珍没有来，家中虽然只有我一个人，但是我仍然很快活，因为我信守了诺言。”宋庆龄解释道。听了小庆龄的话，宋耀如夫妇满意地点了点头。

看完这个故事，我们不得不承认，宋庆龄是中华儿女敬佩的女性，小时的她就是个信守诺言的人。

的确，生活中，我们发现，越是守时守信的人，信誉就越高，越能获得人们的真诚信任。总之，在生活中，你一定要做到对别人要讲信用，负责任，答应别人的事要兑现；如果经过再三努力仍没有做到，应诚恳地说明原因，表示歉意。另外，在答应别人之前，要慎重考虑有没有能力和把握做到，也应留下有余地，不要大包大揽。

一个人守时守信，换来的就是他人的信任，自然也就能获得大家的尊重，反过来，如果一个人因为一己之私或者贪图安逸而失信于人，那么，你得到的利益也只是暂时的，你失去的是一个人的信誉。所以，失信于朋友，无异于丢了西瓜捡芝麻，得不偿失。为此，你可以从以下几个方面培养自己守信的性格和习惯：

1.增强自己的责任感

你一定要明白的是，做人做事一定要“言必信，行必果”，因为只有这样，人才能有进步。因此要做到讲信义，就必须加强做人的责任感。

2.对他人作出的承诺要三思而后行，要考虑到它的可行性

你一旦许下诺言，就一定要努力实现，即使需要付出一定

的代价。的确是非人力之所能为的，就一定放下面子，及时诚恳地向对方说明实际情况，请求谅解。

3.及时纠正自己的不守时守信行为

人都犯过错，比如撒谎、不守时等，但你一定要认识到行为的错误性，主动找对方道歉，当你敞开心扉后，你的内心必定会畅快很多。

你可以再等等，但时间不会等你

人的一生，短短几十载，生命是有限的，如果我们浪费时间、总认为手头的事可以再等等的话，那么，只能被时间抛在后面，我们生活中的每一个人，无论是工作、生活还是学习，无论是大事还是小事，凡是应该立即去做的事情，就应该立即行动，决不能拖延，要尽全力做到日事日清。的确，我们的一生中，确是有很多个明天，但如果把什么都放在明天做，那明天呢？明天的明天呢？有句话说得好，“我们活在当下”，明天属于未来，我们只有把握好现在，才能决定明天的生活。

在海尔，张瑞敏推行一种名为“OEC”的管理方法。“OEC”管理法也可表示为：“日事日毕、日清日高”，即当天的工作当天完成，每天工作要清理并要每天有所提高。“OEC”管理法由三个体系构成：目标体系、日清体系、激励机制。首先确立目标，日清是完成目标的基础工作，日清的结果必须与正负激励挂钩才有效。

我们可能都听过拿破仑因为晚了1分钟而兵败滑铁卢的故事。拿破仑十分珍惜时间，他知道，每场战役都有“关键时刻”，能否把握住这一时刻决定战争的胜败，稍有犹豫就会导致灾难性的结局。拿破仑说，奥地利军队之所以不敌法国军队，是因为奥地利军人不懂得1分钟的价值。同样地，历史毫不留情地在拿破仑身上重演，在滑铁卢战役中，拿破仑自己就因为晚了1分钟而被敌人打败，就因为这短短的1分钟，拿破仑被送到了圣赫勒拿岛上，成了阶下囚。

任何事，今日不清，必然积累。就比如一根稻草，千万别看轻它，一根不起眼，但当一根根稻草堆成了山，再强壮的骆驼也会被压死。

实际上，拖延并非人的本性，它是一种恶习，一种可以得到改善的坏习惯。这个坏习惯，并不能使问题消失或者使解决问题变得容易起来，而只会制造问题，给工作造成严重的危害。成功者从不拖延，而他们中的大多数人只是发挥了本身潜在能力的极少部分，因为他们对工作的态度是立即执行，所以把握了成功。那么，为什么我们还要逃避现实，还要忍受拖延造成的痛苦呢？

有一位美丽的女士，她怀孕了，无聊的她想打发时间，于是，她买来一些漂亮的毛线，想着给未出世的孩子织一件衣服，可是她却迟迟没动手，她总是懒懒地躺在床上，每当她想到那些毛线时，她总是告诉自己："还是先吃点东西，看看电视，等会儿再说吧。"可是等她吃完东西、看完电视以后，她发现天已经黑了，于是，她会说："晚上开着灯织毛衣对孕妇的眼睛不好，还是明天再织吧。"到第二天，她还用同样的借口拖延。

她的丈夫是个贴心的好男人，他心疼妻子，就并未催促她，她的婆婆看到那些被放到柜子里的毛衣，本想替她织，但她却坚决要自己为孩子织毛衣，她还心想，如果是个女儿，一定要织个漂亮的毛裙，如果是个男孩，就织一件毛裤。但随着她的肚子越来越大，她越来越不想动，后来，她告诉自己，要不就等孩子出来再织也行。

时间过得真快，孩子很快生出来了，是个漂亮的小姑娘，带孩子成了她主要的工作，孩子渐渐长大，很快就到一岁了，可是那件毛裙还没开始织，后来，她发现，这些毛衣已经不够给孩子织了。于是打算只给孩子织一个毛背心，不过打算归打算，动手的日子却被一拖再拖。当孩子两岁时，毛背心还没有织。当孩子三岁时，她想，也许那团毛线只够给孩子织一条围巾了，可是毛背心始终没有织成。渐渐地，她已经想不起来这些毛线了。孩子开始上小学了，一天孩子在翻找东西时，发现了这些毛线。孩子说真好看，可惜毛线被虫子蛀蚀了，便问妈妈这些毛线是干什么用的。此时她才又想起自己曾经憧憬的、漂亮的、带有卡通图案的花毛衣。

这只是生活中的一个小故事，但它却告诉我们一个道理，总是一味地等待，习惯会毁掉我们最美好的梦想，要克服这一坏习惯，必须先抛弃拖延的心理。如果不下决心现在就采取行动，那事情永远不会完成。

的确，你要明白，无论是谁，每天都有24小时。比之时间长河，人的一生是那样短暂。你只有抓紧今天、立即就去做，才不会让人生虚度。

犹太人洛克菲勒就是一位对工作异常勤奋的人。一天二十四个小时中，他的工作时间一般都在十五六个小时，超过了一天的大半时间。而有的时候，他甚至可以一天工作十八九个小时。而有人给他计算下来，他的一生中平均每周工作76个小时，只休息很短的时间。经常是别人已经下班了，他还在勤奋地工作。他常常对别人说："如果你什么都不想干，那一天工作8个小时就可以了，可是如果你想干点什么，那么当别人下班的时候，正是你工作的时候。"

别人问他："你怎么能一天工作20个小时？"他却说："一天工作20个小时怎么可以，我需要一天工作48个小时。"当人们看到他的时候，他总是在不停地忙于工作。于是凡是认识他的人都说洛克菲勒只有睡觉和吃饭的时候不谈工作，其余时间他都是泡在工作里。这位世界级的大富翁就是这样紧张而勤奋地工作着的，所以他才取得了举世瞩目的成就。

从来不说时间不够，保持勤勉的态度，是洛克菲勒成功的秘诀。洛克菲勒之所以能够获得成功，就在于他始终如一地保持勤勉的态度，从来不以忙和没时间作为借口。他的勤勉已经成为了顽强的奋斗，在他的眼里，一天24小时都已经不够用了，他希望能在一天内工作更长的时间。犹太人认为，只有勤勉的人才能够尝到胜利的果实，只有勤勉的人才能够得到命运的眷顾。所以，洛克菲勒用自己的实际行动证明了这样一个道理，如果你是一个做事勤勉的人，那么成功就已经离你不远了。

财经作家吴晓波说："每一件与众不同的绝世好东西，其实都是以无比寂寞的勤奋为前提的，要么是血，要么是汗，要么是大把大把的曼妙青春好时光。"因此，如果你现在就开始去做，并倾力付出自己的努力，那早晚会从量变到质变，实现人生的飞跃。

第4章

你要改变自己，何时都不晚

生活中，我们每个人都有各种各样的缺点，一个人从稚嫩到成熟，从有很多缺点，到渐渐变得完美，都要经历独特的过程。当然，自我成长说起来很容易，做起来却很很难。我们必须时刻保持自我反省的精神，更加深入地了解和剖析自己，并且做到敢于改变和突破自己，才能不断成长。但无论如何，只要你想改变，何时都不晚。

只要行动，没什么来不及

我们发现，生活中，总有一些人感叹自己拥有一大堆梦想，问他为什么没实现，他的理由就是：来不及了。真的来不及了？既然无力改变又何必总是埋怨?如果埋怨、不满，又为何不去努力改变?如果你留心一下周围形形色色的人，就会发现，那些少数活得快乐的人，并不是因为他们有很多钱，也不是因为他们有更好的房子、工作，他们只不过是能够真正地为实现梦想而努力，怀着最真诚的心去追求自己想要的东西。

事实上，任何人，只要树立自己人生的目标并为之努力，就没有什么来不及。只要你立即行动、大胆地去实践，而不只是把它当成一个遥不可及的梦想，你就能实现，相反，如果你默默地将梦想藏在心底而不付诸行动的话，你只能感到莫大的遗憾。

相信不少人都了解，曾国藩一生叱咤风云，才37岁就官至二品，但我们可曾想过，他所处的年代正是清廷衰败之际，但他并没有因为这点儿自暴自弃，而是毅然决然决定力挽狂澜，要为民族振兴而读书学习。

曾国藩告诉我们每个人，任何时候立志都不晚。成功不在于起步时间的早晚，也不在乎年龄的大小，只要我们为成功付出了相当的努力，成功就会来到我们的身边。反过来说，真正的成功来自于长期持之以恒的努力，任何急于求成和投机取巧都是无济于事的。一个投机取巧的人，一定一事无成；一个急于求成的人，不配做高手。

所以，生活中的人们，如果你希望在未来过上幸福的生活，在现在开始，你就要早做打算，就要从现在开始努力。并且，再也不要被那些消极的思维左右自己了，不要认为自己年纪大，不要认为自己愚笨，成为一个积极向上的人，培养自己的热忱，找到自己的目标，我们就能为现在的自己做一个准确的定位，就能实现自己的人生目标。

闫莹是师范院校毕业的大专生，如今在家乡的小县城当小学老师。老师的生活清闲而又安逸，转眼之间，闫莹就已经毕业十年了。在这十年间，她恋爱、结婚、生子，完成了人生最重要的三部曲。

然而，学校突然转变成私立院校，对于任教老师提出了更高的要求：本科毕业，十年以上教龄。闫莹的教龄刚刚好，但是却因为学历不达标，即将面临被淘汰的危险。后来，为了照顾学校里的老师，学校放宽了要求：对于本校教师，可以把学历放宽到专科，但是前提是三年之内必须达到本科学历。原本，闫莹想要放弃，听从学校安排去下级学校。她对同事马丽说："学校的要求太苛刻了。我都三十多岁了，又要照顾家庭又要照顾孩子，哪里有时间学习呢？况且，现在记忆力也大不如前，琐碎的事情这么多，根本没心思学习。”

马丽刚刚毕业没几年，因为教龄不达标，肯定要离开学校。对于学校的要求，马丽和闫莹的看法截然相反：“闫老师，我觉得你的想法太保守了。如果我是你，肯定考取本科学历。这没什么难的，现在学历提升的途径这么多。要是我有十年教龄，现在学校改成私立学校，各项待遇都大幅度提高，我肯定不会轻易离开。”

闫莹陷入沉思，马丽继续说道：“即使学校不要求有本科学历，我们自己也应该注意提升自己。我可不想仅仅限于本科，我到时候还想考取研究生呢！不过，你有家有孩子，不像我这么自由。但是说真的，考个本科文凭还是完全有必要的。即使你不在这个学校，提升到本科也对你有好处。”闫莹点了点头，说：“小马，谢谢你，你说得很有道理。我会认真考虑的。”马丽笑着说：“丰富的教学经验比学历值钱多了，所以，你可千万别被学历卡住。很多人，都六十多岁了还读大学呢！”

在和家人商量之后，闫莹最终决定报考在职本科。不脱产读大本，她既不用离开熟悉的校园，还可以获得更好的薪资待遇和更好的工作环境。如此一举数得的事情，可遇而不可求。对于孩子和家庭，闫莹老公表示完全支持老婆的工作，他还主动请缨每天负责接送孩子呢！

对于三十几岁的闫莹来说，一开始她认为提升学历已经晚了，没有时间，也没有精力，所幸她接纳了家人和朋友的建议，她决定继续深造，同样，生活中的年轻人，你也应有所启示，学历的提升和能力的提升，对于现代人来说，是需要终生面对的问题。社会在飞速发展，也裹挟着每一个人飞奔往前。如果不能尽早地提升自己的学历，未雨绸缪，就会在工作单位提出要求的时候变得被动，当然，亡羊补牢，为时不晚，只要意识到自己需要提升，就应该马上展开行动，为自己的人生早做规划。

的确，成功的人与那些蹉跎人生的人的最大区别，就是——行动！如果你能追溯那些成功人士的奋斗之路，你就会感叹："难怪他会做得这么好！"怎么样的行动能获得最大的成功呢？是马上行动！生活中的你们，你也不要再感叹时光荏苒了，从现在起，立即行动吧，下一刻也许就是成功！

要做到现在就做，你需要执行激发行动的六大步骤。

1.我要得到什么样的结果

思考想要的结果，比如，下学期要达到的学习目标、背诵多少单词等。

2.达不到目标有什么样的痛苦

想象一下，没有达成这个目标可能的痛苦场景，比如，个人价值不被认可。

3.不行动有什么坏处

再思考，如果不行动会导致什么不良后果，比如，学习成绩不佳、目标完不成，不被认可、无快乐可言等。

4.假如马上行动，有什么好处

那么，如果立即行动，又会带来什么好处，比如，有机会当上班干部、个人价值将得到认可，考上好的大学等。

5.制定期限，马上行动

行动前，定下目标达成时限，比如，在两个月内，再提高十个学习名次！

6.将行动计划告诉你的家父母、朋友和老师

看你的行动计划是否合理可行，先行检验一下，比如，告诉父母、朋友自己的目标，寻求他们的辅导和支持，制订计划等。

任何人，只有树立了目标，内心的力量和头脑的智慧才会找到方向。目标是对于所期望成就的事业的真正决心。然而，要实现目标，我们必须现在就做，绝不能耽误一秒。

认识并发现自己，找到自己的位置

我们生活中的每个人，尤其是初出茅庐的年轻人，更希望自己能够翱翔于蓝天，驰骋于大地，但是，在梦想开始放飞之前，年轻人需要清楚地认识自己，你是否具有翱翔的能力？你是否能够驰骋于大地？如果在没有了解自己的情况下就擅自定

位，一旦梦想跌落，内心的失望是无法忽视的。

歌德曾说过这样一句话："一个人要想成功，首先要视自己比实际的自己更伟大才行。"成功学专家A.罗宾曾经在《唤醒心中的巨人》一书中非常诚恳地说过："每个人都是天才，他们身上都有着与众不同的才能，这一才能就如同一位熟睡的巨人，等待我们去为他敲响沉睡的钟声……上天也是公平的，不会亏待任何一个人，他给我们每个人以无穷的机会去充分发挥所长……这一份才能，只要我们能支取，并加以利用，就能改变自己的人生，只要下决心改变，那么，长久以来的美梦便可以实现。"人生漫漫征途，在前进的旅程中，年轻人要找准自己的位置，在生活这片蓝天里，给自己准确定位，因为只有定位了自己，才能定位未来。

有人说，这世界上的路有千万条，但最难找的就是适合自己走的那条路。每一个人都应根据自己的特长来设计自己适合的路，根据环境与条件，应努力寻找有利条件；不能坐等机会，要自己创造机会，这是个不断尝试和摸索的过程。

另外，无法给自己准确定位，只会导致好高骛远或者内心自卑。每一个人都是特殊的个体，上帝赋予了我们独特的个性，只要年轻人走出盲目模仿别人的樊篱，找准自己的位置，人生将会变得丰富多彩。

大卫·奥格威曾当过推销员，做过农夫，当过外交官。他移居美国，同时却不断往来于欧洲大陆。年轻时的奥格威雄心勃勃，他有两个梦想：一是拥有一部劳斯莱斯汽车，一是获得爵士爵位。于是，每到黄昏的时候，他都会去英国国会下议院，坐在观众席里倾听别人讨论，他渴望自己有一天也会参加这里的讨论。但是，突然有一天，奥格威发现自己对这一切失去了兴趣，他对自己说："这里并不适合我。"然后，他就站了起来，以一种坦然而轻松的心情走出了下议院，解脱之后，他的内心却充满了焦虑：自己38岁了，还能够使生命辉煌吗？没过多久，奥格威创办了一家广告公司，经过多年的发展，他被誉为现代广告业的"教皇"。

大卫·奥格威找准了自己的位置，定位了精彩人生。奥格·曼蒂诺曾这样写道："我们的命运如同一颗麦粒，有着三种不同的道路。一颗麦粒可能被装进麻袋，堆在货架上，等着喂给家禽；有可能被磨成面粉，做成面包；还有可能撒在土壤里，让它生长，直到金黄色的麦穗上结出成千上百颗麦粒。人和一颗麦粒唯一的不同在于，麦粒无法选择是变得腐烂还是做成面包，或是生长。而我们有选择的自由，有行动的自由，更有心的自由。我们不该让生命腐烂，也不会让它在失败、绝望的岩石下磨碎，任人摆布。"悠悠生命历程里，年轻人要给自己准确定位，展现出自己的人生价值。

每个人都有属于自己的独特价值，年轻人应该接纳自己。而且，自身价值的大小并不在于他人的评价，而是在于我们给自己的定价。一个人的价值是绝对的，坚持自己，重视自己的价值，给自己成长的空间，每个人都会成为“无价之宝”，如此你才将告别平庸的人生。

当然，找到自己的位置、依然需要我们付出努力再努力，才能发挥出自己的优势，实现自己的价值。

沃尔特·达姆罗施是美国著名的指挥家、作曲家，他在二十几岁的时候就当上了一支乐队的指挥了。

年轻人都很容易被暂时的胜利冲昏头脑。自从当上乐队的指挥之后，沃尔特·达姆罗施就开始头脑发热、忘乎所以起来，总是固执地认为自己才华横溢，没人能取代自己指挥的位子。

直到有一天，正要排练的时候，沃尔特·达姆罗施才发现自己的指挥棒竟然忘在了家里。他正准备派人去取，却听旁边的秘书说了一句：“没关系的，你向乐队的其他人借一根不就行了？”

沃尔特·达姆罗施有些糊涂了，心里暗暗想着：不对呀，整个乐队除了我之外，谁还可能带着指挥棒呢？于是，沃尔特·达姆罗施就问：“伙计们，你们谁能借我一根指挥棒呢？”结果他吃惊地看到，大提琴手、首席小提琴手和钢琴手都从自己的上衣内袋里摸出了随身携带的指挥棒……

沃尔特·达姆罗施一下子清醒过来，意识到自己并不是乐队中必不可少的人物！很多人一直都在暗暗地努力着，时刻准备取代自己。

从此以后，每当沃尔特·达姆罗施想偷懒或者飘飘然的时候，他就会看到三根指挥棒在眼前不停地晃动着。

或许你很聪明，或许你在某方面很有天赋，老天眷顾你，在人生的起跑线就给予你比别人多的东西，你的成功是必然。但如若只依靠自己的天资做事，不进行后天的训练，或是心浮气躁不再努力，那么你的天赋就是你人生最大的绊脚石。保持空杯心态，时时不忘学习，时时严格要求自己，才是成功的根本之道。

所以，生活中的人们，你要知道，一个人在这个世界上，最重要的不是认清他人，而是先看清自己，了解自己的优点与缺点、长处与不足等。搞清楚这一点，就是充分认识到了自己的优势与劣势，容易在实践中发挥比较优势，否则，无法发现自己的不足，就会使你沿着一条错误的道路越走越远，而你的长处，却被你搁浅，你的能力与优势也就受到限制，甚至使自己的劣势更加劣势，使自己立于不利的地位。所以，从某种意义上说，是否认清自己的优势，是一个人能否取得成功的关键。

当然，要想发展自身的优势，首先要做到对自我价值的肯定，这不但有助于我们在工作中保持一种正面的积极态度，进而转换成积极的行动，无疑是一项超强的利器。

没有展开行动，一切都只是白日做梦

对于人生，每个人都有无限的憧憬和渴望，希望人生能够顺遂如意，希望人生能够获得巨大的成功，希望自己头顶光环，希望自己得到所有人的羡慕和仰望……诸如此类的愿望，每天都在我们心中回响，然而我们最终会发现，人生在空想之中永远处于停滞状态，因而无论梦想多么璀璨，理想多么远大，假如没有勇敢展开行动，一切就会变成白日梦，永无实现的可能。真正的人生要想取得成就，就要切实展开行动，因为只有行动才能推动我们在人生的道路上不断前行，也使我们拥有更多的可能性。

然而，生活中，人们都想成功，但却很少有人愿意为成功付出努力。而那些成功者之所以会成功，是因为他们即使害怕也会行动，而大多数人正是因害怕而没有作为。约翰·沃纳梅克——美国出类拔萃的商业家这样说过："没有什么东西你是想得到就能得到的。"成功的人与那些蹉跎人生的人的最大区别，就是——行动！如果你能追溯那些成功人士的奋斗之路，你就会感叹："难怪他会做得这么好！"怎么样的行动能获得最大的成功呢？是马上行动！只要你敢于迈出别人不敢迈的那一步，你就能比别人快"半拍"，就能成为第一个吃螃蟹的人。

因此，我们每个人要想成功，就应该做到敢为人先，就要认识到行动的重要性。现代乃至未来社会，执行力就是竞争力。成败的关键在于执行。有个故事告诉我们行动的重要性：

有一个穷和尚和一个富和尚都住在一个偏远的地方，有一天，穷和尚对富和尚说："我想到南海去，您看怎么样？"富和尚说你靠什么去呢？穷和尚说："一个水瓶，一个饭钵就足够了。"富和尚说："我多年来就想租船沿长江南下，现在还没做到呢。你凭什么走？"第二年，穷和尚从南海归来，把去南海的事告诉了富和尚，富和尚深感惭愧。

人生目标确定容易实现难，但如果不去行动。那么连实现的可能也不会有。没有行动的人只是在做白日梦，所以心动不如行动，勇于迈出行动的第一步，你成功的机会就会提高，而光想不做，那你将永远没有实现计划的可能。

愚公的屋前有一座大山，他每天都要绕过大山，走到山的另一面。他觉得这样下去，会给他带来很多麻烦，因此就想把山移走。于是，他每天就用一点的时间去"移山"，直到他死了，"移山"的工作始终没有停止，他的子子孙孙锲而不舍。最终，大山终于被移到他的屋后了。愚公付出了行动，默默地耕耘，经过那么多的风雨，终于看见了阳光，这是因为他少空想，多行动。

和愚公一样，不少人心中都有一个远大的理想。然而他们往往缺乏坚定的信念，顽强的拼搏精神与必胜的信念，因此他们的目标只停留在口头上，难道这种"说话的巨人"也能轻易取得成功吗？他们经常“三天打渔，两天晒网”。根本就不付诸行动，试问这样怎能实现远大的理想呢？

作为每个独立的个体，我们往往因为对未知的恐惧，导致自身也缺乏创新能力，对未来产生恐惧心理。其实，只要我们勇敢地展开行动，迈出人生的第一步，我们就能成功地改变人生。每个人都要有“敢为天下先”的精神，历史的车轮始终滚滚向前，我们的人生也应该与时俱进。纵观古今中外，那些能够切实改变自己，且改变世界的人，无一不具有勇敢果决行动的精神。

很久以前，有位年轻人每天做梦都想发财，因为他几乎日日去教堂里虔诚地祈祷：“上帝啊，我是你忠诚的子民。看在我数年来对您忠心耿耿的份上，请求你让我中大奖吧，我一定会慷慨解囊，多行善事，弘扬您的真善美！”数年来，他的祷告词从未改变过，然而，他依然非常贫困，而且生活变得越发艰难。有一天，他怒气冲冲的来到教堂，质问上帝：“上帝啊，为何你不愿意对我略施援手呢，我的日子简直没法过啦！”此后的接连数天，他都如此祷告，最终上帝忍无可忍，他生气地说：“这么多年来，我的耳朵都快被你磨出老茧来了。你总是祈祷中大奖，但是你至少应该先去买一张彩票，我才有机会帮你吧！”

上帝的委屈让人啼笑皆非，的确，假如年轻人从未买过彩票，即使上帝有心成全他，也没有机会啊。生活中，有很多人都和年轻人一样，总是等着天上掉馅饼，白日做梦，却从不有所行动，最终使所有的梦想与期望都成为镜中花、水中月，根本没有实现的可能。看到这个让人茅塞顿开的事例，我们是否也应该反省自身，让自己真正地展开行动，迎接人生的机遇和挑战呢！

我们要想让人生有所成就，必须马上展开行动，既不要期望天生掉馅饼，也不要说那些不切实际的假大空的话。任何理想都必须付诸实践，才能真正成为现实，否则再伟大的理想都会成为空想，人生也必然因为这样的空想陷入空虚之中。正如一句广告词所说的那样，心动不如行动，朋友们，与其白白浪费口舌空说理想，不如切实展开行动。当你动起来的时候，你会发现自己的人生变得截然不同，你也会同时拥有更多的机遇，从而真正改变人生。

也许有人会说，行动就一定能成功吗？答案当然是否定的。行动未必会取得成功，但是能够推动我们朝着理想前进，距离成功越来越近，哪怕遭遇失败，也能够帮助我们积累更多的经验教训，从而使我们下一次的尝试更加事半功倍。与此相反，假如永远只是空想，尽管避免了失败，但是也使我们与成功彻底绝缘。人生中真正的强者，一定会勇敢无畏地展开行动，从而推动人生不断向前，向前，再向前！

只要你决定为梦想拼搏，任何年龄都不晚

生活中，我们任何人都知道，年轻就应该为梦想奋斗，就应该拼搏，所以，一旦年龄渐长，当被他人问及为什么没有行动时，他们的借口就来了："太晚了，年纪大了。"真的是这样吗？葡萄牙作家萨拉马戈也曾经说："我老了，因此我把每一部新作品都看成是挑战，也看成是人生可能的绝唱。因此，我必须让自己每一部正在创作的作品都令人满意，否则就太糟糕了。"

另外，古今中外，大器晚成的名人太多了，如肯德基爷爷，更是以七十多岁的高龄，连续两年开着破旧的老爷车奔波在美国广袤的土地上，才最终成功推销出去自己的炸鸡秘方。

如今，全世界都能找到肯德基的店面，也能看到肯德基老爷爷微笑的面庞。然而，肯德基老爷爷的一生艰难坎坷，是备尝艰辛之后才获得成功的。肯德基老爷爷叫山德士，他的家乡在美国印第安纳州。他六岁就失去父亲，不得不和母亲相依为命。穷人的孩子早当家，为了帮助母亲分担养家的重担，他十二岁时就去了农场打工，此后，他接连做过很多工作，每一份工作都让他备尝辛苦。

四十岁时，山德士在肯塔基州开了一家加油站。看到加油站每天人来人往，川流不息，他灵机一动，决定顺便经营外卖食品——他独创的炸鸡。渐渐地，在人们的口耳相传下，他的

炸鸡越来越出名，甚至连州长都喜欢吃他的炸鸡。然而，随着战争爆发，他不得不关掉加油站，后来又因为建造公路，他的小餐厅也被关掉了。这样一来，山德士失去了自己苦心经营多年的一切，他变得一贫如洗。五十六岁的他无法仅仅依靠微薄的救济金生活，为此他决定推销自己的炸鸡配方。然而，他走遍了美国的每一个角落，在被人拒绝了1009次之后，才找到愿意买他炸鸡配方的人。从此之后，他拥有了自己的餐厅，并且接二连三开了很多特许加盟店。

可见，只要努力，任何时候都不算迟。从肯德基爷爷的身上，我们一定要明白这个深刻的道理。不得不说，山德士的精神值得我们每一个人学习。假如不是他勇敢地超越自己，挑战自己，他怎么可能以高龄重新创业呢！在接二连三的困难打击中，他始终相信自己，坚持克服困难，所以说他的勇敢换来了他人生的成功。也许创业成功的人很多，但是这种历经艰难、始终不放弃而得到的成功，显得更加丰盈厚重，也更加闪耀着光辉。

总而言之，当为时已晚出口，说明当事人已经从心底里表示松懈，不再愿意继续努力。因而，不管什么时候，我们都不要轻易说为时已晚。不管事情发展到哪一步，我们都要努力地面对，尽力地争取，不到最后关头决不放弃。

所以，我们别再为自己找借口了，只要你决定为梦想拼搏，任何年龄都不晚。

自从退休之后，原本的邮电局副局长老陈，就变得失魂落魄。原本，他在邮电局是主管工程与建设的，所以整日忙忙碌碌，没有闲着的时候。突然赋闲在家，难免不适应。

现在的老陈每天除了和老伴上街买菜，就是待在家里看电视，感觉日子无聊极了。渐渐地，他居然抑郁了，不知道自己还能做些什么，似乎一下子失去了人生方向。

看到爸爸落落寡欢的样子，女儿心疼了，不但给爸爸办了一张可以游泳的健身卡，还主动邀请爸爸曾经的老朋友来家里玩。但是，不管谁来做客，终究只是暂时的，老陈依然很抑郁。女儿思来想去，突然想去爸爸曾经说过，他年轻时最大的遗憾就是没有考上大学。为此，女儿提议爸爸去考大学。老陈对于女儿的好主意，非常犹豫，也缺乏自信："我还能去考大学吗？我的记忆力不好了，而且老眼昏花。"

女儿不停地鼓励爸爸："怎么不能呢，人家摩西奶奶作为一个农妇，从七十六岁开始拿起画笔，后来还在全世界范围内开办画展呢！爸爸，您可别忘记，您才六十岁啊，难道就甘于服老了？！"

就这样，在女儿的劝说下，老陈真的开始复习高中课本，而且还报名参加了补习班。经过一年的刻苦努力，他真的考上了大学。当然，他最终没有真的去上大学，而是参加了老年大学，把自己的生活安排得特别充实。

对于曾经叱咤风云的老陈而言，退休就是他人生的转折点。毕竟，他已经工作几十年了，如今突然面对百无聊赖的生活，心中必然觉得很失落。幸好，他有一个关心她的女儿，帮助他转变了观念，而且让他重新燃起了对生活的信心。的确，老了怎么了？退休了怎么了？生活还是需要继续下去的啊。唯有端正心态，积极地面对生活，我们才能顺利迈过人生的坎，成就自己精彩辉煌的下半生。

梦想不分年龄，不管你是十几岁的少年，还是垂垂老矣的古稀老人，只要你心中始终怀着梦想和希望，不离不弃地追逐自己的梦想和希望，你就有可能突破自身的局限，最终获得成功。退一步而言，即使你与成功失之交臂或者相差甚远也没关系，奋斗的经历就是你最宝贵的财富。因而，不管什么时候都不要因为为时晚矣而放弃行动，只有行动，才能让你的梦想更加生动，更有可能实现。

想要改变自己，就要接受新事物

人生在世，谁不希望做出一番成就，谁不希望获得命运垂青，然而，当需要为梦想付诸行动的时候，很多人退缩了，因为他们不想改变现状，更不愿意接受新事物，事实上，他们和很多人一样，之所以没有成功，就是因为他们自身很多致命的缺点，如自私、傲慢、急躁、没有明确的人生目标、缺少自信、做事情不脚踏实地、没有耐心等，这些缺点严重制约了他们的发展。只要对自己进行深刻的检讨，采取改进措施，你的精神面貌就会发生巨大变化，会感觉到自己在一天天地向成功迈进。

对于整个世界而言，唯一不变的就是变化。正如一首歌里唱的那样，山不转水转，水不转人转。所以任何时候，我都要与时俱进，以发展的眼光看问题，这样我们才能不断更新自我的意识、知识和经验，从而使自己跟得上时代的脚步。尤其是在当今社会，整个社会都在飞速发展，所谓逆水行舟不尽则退，在这样大发展的背景之下，如果我们总是被规矩和经验束缚住，那么我们就会遭遇人生的瓶颈，最终被时代的洪流远远甩下。如此一来，我们还谈何进步呢！

福勒是美国一个黑人佃农的儿子。他五岁就开始参加家庭劳动，他们一家一直过着很贫穷的生活。福勒有一位不平常的母亲，她很早就发现福勒与其他6个孩子不同。母亲有意识地经常将福勒拉在身边，跟他谈论心中的想法。她反复地说：“福勒，我们不应该贫穷！我们的贫穷不是由上帝安排的，而是我们家庭中的任何人都没有产生过出人头地的想法……”

我们的贫穷是因为我们没有奢想过富裕！这个观念在福勒的心灵刻下了深深的烙印，成就了他以后无比辉煌的事业。福勒改变贫穷的愿望像火花一样迸发了出来——他挨家挨户推销肥皂达12年之久，并由此获得了许多商人的尊敬和赞赏。一段时间以后，福勒不仅在最初工作的那个肥皂公司，而且在其他7个公司都获得了控股权。可以说，福勒获得了巨大的成功。他彻底改变了家庭的贫穷，扭转了家庭的命运。

有人会说，我是很想立即改变现状，但周围的大环境就这样，不允许，没办法呀！他必定是忘了：一个人在面临无法改变的环境的时候，首先要学会改变自己，自己改变了，环境也会随着改变。西方有句谚语："生存决定于改变的能力。"不少人往往是一方面既想改变现状，另一方面又害怕承受痛苦，结果把自己弄得既矛盾又挣扎，折腾了一大圈又绕回到起点。改变是痛苦的，但是，如果不改变，那将是更大的痛苦。

刘丹大学毕业后进入一家工厂工作，没过多久就因为工厂倒闭下岗了。想想自己刚刚大学毕业不久就变成了下岗女工，刘丹一气之下，决定自己做生意。

思来想去，她看好了旧书生意。事情起源于她大学毕业之前，为了完成论文答辩，需要找到一本如今已经不再刊印的资料。

然而，因为年代久远，那本书在所有的书店都买不到。最终，刘丹是在一家废品收购站里无意中看到的。看到这么多珍贵的书籍就这样变成废品，而真正需要它们的人却求之不得，刘丹认定：旧书销售一定大有前景。听说女儿要去干和收破烂一样的营生，爸爸妈妈死活不同意：什么收旧书啊，不就是收破烂嘛！尽管爸爸妈妈坚决反对，刘丹却不改初衷。

刘丹不但从各个废品收购站购买旧书，还自己沿街收购旧书。她自己既是老板也是伙计，虽然亲戚朋友都觉得这个行业太卑贱，刘丹却坚信自己一定会在旧书市场干出一番事业。

收购旧书之后，刘丹把旧书分门别类。很多像她一样买旧版资料买不到的人，都会来店里淘旧书，非但如此，她还把人们看过一次两次之后足有九成新的书也收购回来，按照低于新书很多的价格出售。这给爱书人士带来了福音，毕竟，书不是衣服，旧书也同样能够起到传承作用，又能节省大量资金，何乐而不为呢？

就这样，刘丹把自己的旧书销售做得非常精，分门别类，秩序井然。不但如此，刘丹还把自己的旧书店定位准确，主要经营当下热销的金融、财经类书籍。这类专业如今是热门专业，很多人在参加各种资格考试的时候，都要寻找全面的资料。就像去年春节之后，刘丹收到了几百本财经类书籍，刚刚开学就被大学生们一抢而空。无须营销，就获得了最好的销售业绩。为了帮助自己拓展销量，增加收入，刘丹还在淘宝上开了一家网店，主要经营各类文学名著和财经类的专业著述。不仅如此，刘丹还为大学生开展代销业务。很多大学生在写论文或者进行学术研究的时候，需要购买大量资料。但是用过之后，书籍就失去了利用价值。卖废品当然不划算，如果放在刘丹的店里代卖，不但可以让需要的人以低廉的价格买到图书，还可以让大学生们回笼一部分资金，去购置其他需要的书籍。

很快，刘丹在下岗不到一年，就拥有了一家实体店和一家网店。看到刘丹现在的事业发展得如火如荼，爸爸妈妈都喜上眉梢，在心里暗暗夸赞刘丹有胆识，有魄力，看到了绝大多数人都没有看到的商机。

年轻人一定要有破釜沉舟、改变自己的决心，就像事例中的刘丹，虽然家里人都不同意她开旧书店，但是她却打定主意，从沿街叫卖开始，开创了自己的事业。不管事业是大还是小，只要进入良性运转，就有着很大的发展空间。最重要的是，我们应该清楚自己想要什么。

适者生存，这是人类一切问题的答案。如果你跟不上社会的步伐，你会被社会抛得越来越远。面对这样的状况，只有改变自己才是出路。许多时候，担心是多余的，欣然地面对现实，勇敢地接受挑战，就会塑造一个“全新的自己”。人生是由一连串的改变形成的。当你的环境、教育、经验、吸收的信息发生变化，你的心理多多少少都会产生不同程度的变化。改变就是机会，只要你及时处理，就会有好的机会与开始，而且，唯有良好的自我改变，才是改变事情、改造状况，甚至改变环境的基础。

第5章

战胜拖延，它是你生命里的蛀虫

我们每个人或多或少都存在“拖延”这一不良习惯。拖延是一种危害人成功与发展的恶习，是可怕的精神腐蚀剂。试想一下，你如果拖延了一件事，那必定就占用了之后处理其他事情的时间，如此积累，你将拖延多少事，浪费多少机遇，造成多大的损失呢？不仅如此，拖延的习惯还会引发一系列问题，可以说，拖延是我们生命里的蛀虫，每个年轻人都应该审视自己的行为习惯，一旦发现自己有拖延的恶习，就要立即纠正，只有这样，才有助于提升自己的执行力和做事的效率，进而做出更有价值和意义的事情来。

知道吗，拖延正在消耗你的生命

日常生活中，我们或多或少都有一些拖延行为，比如，上个月就准备健身减肥，但是由于很多原因至今没开始；早就拿到了账单，但一直没去缴费，然后被各种催；上司交代的任务今天是最后一天了，但是你总是在干这干那始终没开始；跟女朋友约会，你总是迟到，你的女朋友一忍再忍，终于有一天爆发了；你准备做一个方案，但是你总觉得方案哪里还存在问题、不够完美，那么索性就迟迟不开始……

我们发现，这些零碎的生活状况，有一个共同点：因为你的拖延行为，导致事情的结果很糟糕，而你的心情也很差。如果这些情况只是偶尔发生，倒是无所谓，而如果你已经有了拖延习惯，那么，你要反省一下它对你的生活和工作造成怎样的负面影响了。

其实，几乎每个人清楚地知道，拖延是不好的习惯，可是，你是否真正思考过，多年来由于拖延为你带来了多大的损失吗?

英国亨利八世统治时期的公告牌有一句警示世人的话：“快！快！快！为了你的生命快速前进！”而且旁边还有一张图，上面画着一个送信的人被吊死在绞刑架上。在那个古老的年代，根本没有快递、邮政业务，信件通常由政府派信差送往，如果信件没有及时送达，那信差便会受到绞刑的处罚。

对于现代社会总是处于忙碌中的人们来说，也许拖延问题是他们最难抵制和克服的，也是一种不良的行为习惯。有关资料显示，在大学生中，大约有70%的人有拖延习惯，只是程度不同；成年人中有25%的的人有着慢性拖延问题，另外，有95%的人希望能减轻他们的拖延恶习。因为拖延已经逐渐影响了他们的生活，一些人为此而苦恼。其实，你可能意识到，现在的你正在被拖延侵蚀生命呢！

小王现在已经是一家民营企业的生产主管了，并且，他在这个公司已经工作了三年，可以说是公司的老员工了，而闲暇时间，他也会回忆曾经那个充满斗志的自己。

三年前，他是一名基层员工，每天他都会早早地起来，然后来到车间工作，每当领导来视察的时候，他都在埋头工作。接连一年多的时间，他每个月都会被评为生产模范，因为工作努力，他被领导选拔为车间主任。

然而后来，身为基层管理人员的小王开始懈怠了。比如，中午吃完饭，原本他准备去看看车间生产情况，但听到其他主任说："急什么，有工人在，等会儿再去也行啊。"小王心想也是这个道理，便决定睡个午觉再去工作，醒来的他看到其他领导们都在打牌，心里痒痒，也加入其中，大家一起抽抽烟、喝喝茶，一下午时间又过去了。

小王的这种表现大概是很多现代职场人士的真实状态，看似无害的拖延，却在慢慢吞噬我们的热情，还有我们的梦想。事实上，拖延症带来的危害是严重的。拖延是一种坏习惯，它会让人在不知不觉中丧失进取心，阻碍计划的实施。一个人如果进入拖延状态就会像一台受到病毒攻击的电脑，效率极低。拖延最常见的表现就是寻找借口。虽然目标已经确立了，但却磨磨蹭蹭，像个生病的羔羊，没有一点精神。不论什么时候，他总能找到拖延的理由，计划当然就会一拖再拖，成功却遥遥无期。

总结起来，一个人一旦有了拖延的坏毛病，就会有这样一些表现：

1.不相信自己

当自己不能按时完成某项工作的时候，长期如此，你会觉得自己有身体方面的疾病，长期这样也会给内心造成影响，变得不自信，怀疑自己的人生。

2.精神状态不好

每天经常精神状态比较差，其实身体没病。你干不动活很多时候是因为你不去做，出现上面的情况你的身体95%的可能是健康的，一点病都没有，除了做事拖延外。

3.心理扭曲

如果你身边家人朋友说你太懒了，别不爱听，这是真的，这是一种心理上厌倦的情绪，不管是生气、嫉妒还是嫌恶等都可能引起拖延症的出现。

4.无法实现自己的想法

因为你的拖延，会让自己的事情无法按照自己的意愿去完成，活动总是被拖延，好事总是不能圆满完成。

5.变得自我

因为你不会对所有的事情都拖延，而是对自己不喜欢的事情拖延，不要认为自己只去做自己喜欢的事情是对的，实际上一个有担当有责任的人，还是应该做自己应该做的事情，只有做好了必要的事情，才能去做自己喜欢的事情。

6.出现焦虑

因为他们工作和学习的不突出，拖延成了恐慌，他们开始否定自己，贬低自己，从而产生焦虑，甚至会产生厌世情绪。

生活中做什么事情都拖拖拉拉的人，注定只是一个平庸的人。今日事，今日毕。很多时候，拖延时间并不能真的解决问题，即时行动反而会带给自己一种充实感。你是否应该反思：曾想过因拖延而浪费了多少时间，失去多少机会，错过多少精彩的生活。

鲁迅说过：“伟大的事业同辛勤的劳动成正比，有一份劳动就有一分收获，日积月累，从少到多，奇迹就会出现。”伍迪·艾伦也曾说过：“生活中90%的时间只是在混日子。大多数人的生活层次只停留在为吃饭而吃，为搭公车而搭，为工作而工作，为回家而回家。他们从一个地方逛到另一个地方，使本来应该尽快做的事情一拖再拖。”的确，在我们周围，也包括自己，在工作的过程中，因各种事由造成拖延的消极心态，就像瘟疫一样毒害着我们的灵魂，影响和消磨着我们的意志和进取心，阻碍了我们正常潜能的开掘，到头来一事无成，终生后悔。

总之，别再拖延了！我们要记住的是，任何美好的愿望只有在克服拖延的习惯的前提下才有实现的可能。要知道，拖延是一种习惯，立即行动也是一种习惯，不好的习惯一定要用好的习惯来代替。如果拖延的事情迟早要做，为什么要等一下再做？也许等一下就会付出更大的代价。那么，现在我们来问问自己，在日常生活中，有哪些事情是你最喜欢拖延的，现在就要下决心将它改变。不管你现在要做什么事，请你不要拖延，立即行动。这样就能变被动为主动，抓住机会，把事情做得更好。

为什么要把事情拖到明天呢

生活中，我们发现，不少人有这样的行为表现：拖延缴纳水电费、推迟约会、为未完成的工作任务找借口等，当你问他时，他的回答是：“急什么，时间还多着呢。”在他们看来，任何事情都可以放到明天：他想减肥，但他刚才又吃了一块蛋糕，他认为减肥的事情稍微等等也无妨；他想花一个晚上的时间来学习一段音乐简谱，但却经不住朋友的诱惑去喝了几杯，他觉得还是明天再看吧；他想去学驾驶，但还是担心自己操作不好，还是再等等吧……好像再等等事情就能解决似的，对于很多人来说，我们不想立即做的事，都可以放到明天，然而，这只是你的借口，总是拖延，最终我们在不断等待下浪费了生命和光阴，我们原本糟糕的状况丝毫未曾改变。

最近，王太太想为家里购置一台吸尘器，原因是原来的吸尘器用了十几年了，且零部件老化。但是她还拿不定注意到底买不买，买哪款，为此，她不断地给老公、闺蜜打电话寻求合适的建议，结果这样优柔寡断、犹犹豫豫地变换了好几十次主意，最后她到了商场，看了几十个型号，不是价格谈不好，就是外观不喜欢。

王太太非常焦虑，她继续在商场里闲逛。时间没过多久，她又看了款小型的手持式的，再稍后又看了款进口的，但是还没决定买不买。

就这样，王太太筋疲力尽地回了家，打电话问闺蜜的意见。闺蜜说进口的好，持久耐用，再然后，她又给丈夫打电话，丈夫则说国产的那款手持式的更便捷。

最后，王太太采纳了丈夫的建议，但是回家试用后发现还没有原来的顺手，便又将吸尘器退了回去。

王太太不但购物如此，就是平时生活中的其他小事，她也一样犹豫不决。准备稍微丰富的晚餐，她就会在牛肉与羊肉之间拿不准主意。每次出门，都有一种强迫症，会回来好几次看家门锁好没有。

这只是生活中的一个小故事，但它却告诉我们一个道理，那些有拖延习惯的人，也多半都是拖延心理在作怪，而且，他们还总是会为自己寻找各种借口，要克服拖延的习惯，必须先抛弃拖延的心理。如果不下决心现在就采取行动，那事情永远不会完成。

然而，在我们的生活中，有太多人有拖延行为：每天早上坐在办公室前面的时候，有时会为先做哪一件事而犹豫不决，比如，今天是先见客户呢，还是先把会议需要的方案做好呢？当你觉得今天气温很高，不适合外出拜访客户的时候，却又想到会议是下周一才开始，差不多还有好几天的时间，而客户那边已经打电话在催了，不如还是去拜访客户吧。不过，即便出了办公室，也忍不住感到一丝疲惫，心想，明天再去也不迟呢？于是，又返回办公室去做方案，最后几经周折，一件事情都没有做完，却已经马上到了吃饭的时间了。

其实，拖延非但会使我们失去千载难逢的好机会，而且也会耽误工作和学习。朋友们，既然有了梦想，我们就必须风雨兼程，朝着梦想和目标不断努力。我们要相信自己，一旦我们真正迈出了第一步，我们就能与时间保持同步的速度，不断奋勇前进。

在澳大利亚的某大学，有位中国的留学生，他刚来澳大利亚的时候，希望找到一份工作，以此减轻自己的留学压力，为此，他骑着一辆旧自行车沿着环澳公路走了数日，替人放羊、割草、收庄稼、洗碗……只要给一口饭吃，他就会暂且停下疲惫的脚步。

一天，原本在一家餐厅打工的他突然看到了一家电讯公司的招聘广告，他对这一工作很感兴趣，并且，这份公司有三万元的年薪，于是，他去应聘了，并且，凭着出色的表现，他到了面试的环节了，但他没想到的是，面试官居然会问他："你有车吗？你会开车吗？我们这份工作时常外出，没有车寸步难行。"

的确，在澳大利亚，很多家庭都有私家车，像他这样的无车者寥寥无几，但他还是一位学生，哪有能力买车，所以自然没有学习驾驶技能，但是这份工作对他的诱惑实在太大了，于是，他脱口而出：

"有！会！"

"4天后，开着你的车来上班。"主管说。

那么，接下来车的问题怎么解决呢？四天时间太短了，别说买车，开车都很难学会，但是为了生存，留学生豁出去了。他在华人朋友那里借了500澳元，从旧车市场买了一辆外表丑陋的"甲壳虫"。

第一天他跟华人朋友学简单的驾驶技术；第二天在朋友屋

后的那块大草坪上模拟练习；第三天歪歪斜斜地开着车上了公路；第四天他居然驾车去公司报了到。时至今日，他已是“澳洲电讯”的业务主管了。

机会稍纵即逝，所以，要把握时机确实需要眼明手快地去“捕捉”，而不能坐在那里等待或因循拖延。西谚说：“机会不会再度来叩你的门。”徘徊观望是我们成功的大敌，许多人都因为对已经来到面前的机会没有信心，而在犹豫之间把它轻轻放过了。“机会难再”，即使它肯再来，光临你的门前，但假如你仍没有改掉你那徘徊瞻顾的毛病的话，它还是照样要溜走。

岁月匆匆而过，无论我们是否愿意，时间的长河总是一路向前。对于每个人来说，时间都是公平的。它不会为任何人停留，也不会以任何人的意志为转移。常言道，时间不等人，的确如此，时间从来不会等任何人。时间有自己的脚步，总是坚定不移地朝前走去。时间对于任何人而言都是非常宝贵的，都值得珍惜，不能白白浪费。

总之，生活中的人们，无论是工作、生活还是学习，大事还是小事，凡是应该立即去做的事情，就应该立即行动，决不能拖延，要尽全力日事日清。的确，我们的一生中，确是有很多个明天，但如果把什么都放在明天做，那明天呢？明天的明天呢？有句话说得好，“我们活在当下”，明天属于未来，我们只有把握好现在，才能决定明天的生活。

拒绝拖延，积极进取

我们都知道，人类的天性中有很多缺点，成功者之所以成功，就是因为他们多半能克服这些缺点，反之则沦为平庸者。当然，任何习惯的改变都相当的困难，它意味着不适与缺陷。这些不好的天性中，就包括拖延。由于拖延而造成不良后果的事件很多，你是不是常有这样的经历：某天，你因为拖延必须加班，你认为自己的策划案充满创意，第二天，你将做的满以为完美的工作交上去，谁知道被领导一顿痛批，于是，你只好重新来过；周一早上，你到很晚才起来，于是，你急匆匆吃完早饭，拿起公文包就往公司赶，到了公司才发现，原来一份重要的文件落在了家；身为学生的你，每周末总是到晚上才开始准备周一要交的作业，结果因为时间不够只好抄袭其他人的，你的学习成绩也总是不能提高……在这些反反复复的过程中，你失去的是什么？是宝贵的时间！

曾有人问一个做事拖拉的人：“你一天的活是怎么干完的？”这个人回答说：“那很简单，我就把它当作昨天的活。”这就是拖沓的习惯，其实，拖沓岂止是把昨天的活今天来干。有人给拖沓下的定义为：把不愉快或成为负担的事情推迟到将来做，特别是习惯性这样做。如果自己是一个做事拖沓的人，那么，生活中我们大部分都在浪费时间，做一件事也需要花很多时间来思考，担心这个或担心那个，或者找借口推迟行动，但最后又为没有完成目标任务而后悔，这就是“拖沓者”典型的特点。拖沓对于成功来说，是一个讨厌的绊脚石，拖沓的习惯不阻碍目标任务的完成。所以，要想获得成功，就需要向目标立即奋进，拒绝拖沓。

说到拖沓的习惯，相信许多人都不陌生，因为在平时生活中，随处可以见到它的身影。在该工作的时候上网冲浪，总是对自己说：“明天再去做吧。”但是，正所谓“明日复明日，明日何其多”，在拖沓蔓延的过程中，我们错过了许多完成目标的机会。

青青是一名自由撰稿人，她选择这份工作，就是因为爱好自由。

不过，现在的她似乎已经有点懒散了，她通常的工作方式是：当出版社把任务交给她的时候，她每次都会从傍晚时间就开始酝酿感情，但是她会去超市买几包零食，比如，酸奶、咖啡、薯片等，然后回到家，打开电脑，吃完零食、和聊天工具上的朋友们都聊完以后再玩几个小游戏，不知不觉时间过去了，当大家在网络上跟她说晚安的时候，她想睡觉，但是稿子还没赶出来，她感到很焦躁，只好打开文档，开始慢吞吞地敲着字。最后交上去的稿件，时间总是比预定时间晚，令出版社不满意。青青其实也不想这样，但每次她似乎都是走不出这个怪圈。

青青就是个习惯性拖拉的人，假如她能改掉这一不良的工作习惯，也许工作效率会提高很多。事实上，无论是谁，如果不改掉拖延的毛病，我们都必须要承受一定的代价。所以，为何不立即动手、踏踏实实地工作呢？如果你能现在就办，相信你享受的才是充实的快乐。

强尼先生是一家外企的市场部经理，从进入公司到现在，他忙得不可开交，甚至连周末陪孩子的时间都没有，为此，在一位朋友的介绍下，他采纳了一位效率专家的建议，从此，他有大把的时间来处理个人事情了。

强尼先生说："现在我不再加班工作了。我每周工作50~55个小时的日子已经一去不复返，也不用把工作带回家做了。我在较少的时间里做完了更多的工作。按保守的说法，我每天完成与过去同样的任务后还能节余1个小时。

"对我有极大帮助的另一点是'现在就办'的概念。我使用的最重要方法是制订每天工作计划。现在我根据各种事情的重要性安排工作顺序。

"我有意识地尽力克服工作上的拖拉现象。首先完成第一号事项，然后再去进行第二号事项。过去则不是这样，我那时往往将重要事项延至有空的时候去做。我没有认识到次要的事项竟占用了我的全部时间。现在我把次要事项都放在最后处理，即使这些事情完不成我也不用担忧。我感到非常满意，同时，我能够按时下班而不会心中感到不安。"

强尼先生的时间管理方案是有效的，而根据他的说法，他节省时间的方法就是立即处理，拒绝拖延。

我们再来做个假设，每天早上，我们早起一小时，安排好一天的工作和生活，吃个早饭，锻炼好身体，精神抖擞地去上班，你会发现，你充满了精力，即便平时看起来难做的工作，好像也变得轻松了许多。认真工作的结果就是，你节省了时间，得到上级和同事的信任。与匆匆忙忙、一团糟的生活相比，你更倾向于哪种？

拖延的毛病容易给人带来麻烦，不但影响你的学习成绩，升学考试、就业升职，还有可能给人们的生活带来不幸，但最直接的是，就是浪费时间，耗费生命，同一件事，拖延者所花费的时间远比立即行动者多得多。拖延从表面上看似乎不是什么大毛病，但若不及时纠正，直接影响到我们的一生。

要拒绝拖延，你需要记住几点。

1.做完事情再玩

假如你觉得自己蛮有工作能力，可以在很短的时间内将比较困难的事情做完。那就应该在接到工作任务时马上动手做，这样你完成事情之后就可以玩得更开心，而不是在玩时总想着工作的事情。

2.给自己定期限

假如你认为时间的紧迫感可以令自己发挥水平，那也需要给自己制订一个期限。假如你曾经有过几次临时抱佛脚的经历，却屡遭失败，那最好还事不要尝试这种方法。

3.学习时间管理

平时你是否经常被琐事烦恼，那就应该学会时间管理，最简单的方法就是要明确自己的目标，经常想想这件事不做对自己以后有什么影响。当你有了时间管理之后，往往能够及时地完成事情。

所以，任何一个企图从拖延中获得快感的人都要认清一点：做任何事都没有捷径！学习一下那些本本分分工作的人吧，不迟到、不早退、不磨洋工，上班了立即动手做事，下班了踏踏实实享受快乐，这样的态度，虽然看起来并不刺激，但却能抓住踏踏实实、稳定的幸福，长此以往，你的能力也会获得质的提升。

掌握提升工作效率的方法

生活中，我们常提到“效率”一词，那么，什么是效率呢？所谓效率，是单位时间内完成的工作量。然而，衡量我们做事成绩的，并不是效率，而是效能，效能是效率、效果、效益是衡量效能的依据。也就是说，效能比效率要重要得多。作为忙碌的现代职场人来说，提升工作效率是大家都在关注的问题，因为我们都在为同一个问题困扰——时间总是不够用，我们感到身心俱疲，每到周末的时候，我们甚至希望可以一睡不醒。周一早上，我们还是带着疲惫的身体来到办公室，硬着头皮做着我们不想做的工作，然而，糟糕的状态下，我们只想拖延时间，然而，我们分内的工作，怎样也逃避不了，于是，我们更加郁闷了，带着这样的情绪工作，我们怎么可能会提高工作效率。

所以我们可以说，拖延是导致现代职场人士工作效率低下的关键因素，一旦行为拖延，我们也会跟着陷入糟糕的状态的旋涡中。不知你是否有这样的苦恼：你原本只是想发个邮件，但是当你一打开电脑，就发现浏览器上跳出来很多美女图片、八卦新闻、购物信息等，网页一个个地点开来看，不知不觉时间就这么过去了，半个小时，一个小时，甚至更久……虽然事后懊悔不已，但每次还是无法摆脱拖延的毛病。对此，该怎么办呢？

当然，随着时代的进步，人们对时间的意识和控制也越来越强，工作效率低下拖延者也在努力寻找自己的原因，但无论如何，高效率的职场人士绝不允许自己能浪费一分钟的时间。

的确，细心的你可能也发现，对于同一年参加工作的上班族而言，若干年后各自会有不同的境遇，有些人会飞黄腾达，有些人还是原地踏步甚至是平行职位跳槽。在世界范围，所有的上班族所遇到的问题都是一样的。然而，我们要想拥有好的工作状态，第一步还是要从克服拖延症开始，高效率工作的第一步就是我们要有紧急意识。

据专家考证，一般上班族真正每天用于上班达到忘我境界的时间往往只有两小时。而原因之一就是我们常常做事没有紧迫感，要么等到最后时限才紧赶慢赶，要么坐等下班。

在现如今飞速发展的时代，时间就是金钱，时间就是生命。没有哪位上司喜欢太慢的员工，工作效率是企业的生存之本，也是员工能够在企业中发展之本。工作时我们要禁忌怠慢心理，优哉游哉的心境适合逛商场，而不是职场。

那么，我们该如何调节自己的工作状态，以防止拖延造成身心疲惫呢？

1.制订计划，按计划做事

每日为自己制订一个工作计划，做一个工作列表，把每日需要做的具体工作按照轻重缓急排列，另外相似的工作最好排在一起，便于思维，先处理紧急的工作，再处理重要的工作，最后处理简单、缓慢的工作。制订工作计划每日的工作才有方向，才不走冤枉路，马装车好不如方向对，没有方向瞎忙活，再努力也是枉然。

2.集中精力

工作时一定要集中精力，全身心地投入工作，避免分心，要学会善于集中精力做一件事，而且是做好这件事。工作切忌不能三心二意，那样只会捡了芝麻掉了西瓜，甚至哪件事都做不好，让别人否定你的能力。

3.简化工作

将简单的东西复杂化不是本事，将复杂的东西简单化才是能耐。当工作像山一样堆在面前，不要硬头皮干，那样根本做不好。首要的任务就是将工作简化，当面前的大山被你简化成小山丘，是不是豁然开朗，起到了事半功倍的效果。

4.使用辅助工具

现代社会，办公室工作早已脱离了纸笔，会工作的人都擅长运用一些辅助工具，比如，电脑、手机等，简单的电脑办公软件有word、excel、ppt等，帮助我们编辑文件、分析统计数据等功能，有的公司还会使用财务软件、库存软材等，我们还可以使用手机的记事本、闹钟、提醒、计算机等功能，帮助我们记录、提醒重要事件。

5.经常充电

多学习知识，尤其是专业知识，只有不断更新知识，不断学习，才能更有效地应对日新月异的职场问题，处理高难度的工作难题，才能比别人更优秀，才能提高工作的应对能力，比别人更有效率。

6.保证睡眠

保证充足的睡眠，不仅能能恢复当天体力，还能为第二天提供充沛的精力。睡眠在人的生活中占据相当重要的地位，在一天的24小时中，睡眠占至少1/3的时间，可见睡眠是不能应付的。只有身体、大脑得到充分的休息，我们才能有旺盛的精力投入到工作中，才能提高工作效率。

7.劳逸结合，会休息才会工作

不能一味地埋头工作，就像老牛拉犁一样，人的体能是有限的，大脑也是需要休息的，超负荷的工作只能降低工作效率，产生事半功倍的结果。不会休息就不会工作，适当的放松下，工作间站起来活动15分钟，喝杯水，听听音乐都可以让身心放松下来。工作时要为自己保留弹性工作时间。

8.平衡工作和家庭

我们除了要工作外，还有家庭，对此，我们要做到平衡处理：

第一，工作和家庭生活要划清界限。对家人做出承诺后，而且一定要做到，但是希望其他时间得到谅解。制订较低的期望值以免造成失望。

第二，学会忙中偷闲。不要一投入工作就忽视了家人，有时10分钟的体贴比10小时的陪伴还更受用。

第三，学会怎么利用时间碎片。例如，家人没起床的时候，你就可以利用这段空闲时间去做你需要的工作。

注重有质量的时间——时间不是每一分钟都是一样的，有时需要全神贯注，有时坐在旁边上网就可以了。要记得家人平时为你牺牲很多，度假、周末是你补偿的机会。

总之，我们若想精力充沛地工作，就要改变现在的工作习惯，就要有时间意识，拖延、虚度光阴连工作都做不好更谈不上效率，没有人会赏识这种人。当然，我们还要懂得劳逸结合、平衡好工作和生活，以防止过重的工作负担压垮我们。

每天多做一点，终会有所收获

有人说，无论是知识、能力还是经验的积累，都像建造房子，从砖到墙、从墙到梁，是一个循序渐进的过程，任何能力和知识的得来都不是一蹴而就的，也不是下了决心就能获得的，这是一个长期的过程。实际上，无论做什么，水滴就能石穿，每天进步一点点，并不是很大的目标，也并不难实现。也许昨天，你通过努力学习获得了可喜的成绩，但今天你的必须学会超越，超越昨天的你，你才能更加进步，更加充实。人生的每一天都应该充满新鲜的东西。

因此，如果你细心一点，你会发现，大凡成功的人，都有个共同的特点，那就是他们总是少说话、多做事，做事效率很高，也就是他们具有很强的执行力。一个人缺乏执行力，就不会有高效率，就赶不上竞争对手，被淘汰出局。因此，无论你现在做什么，都别把时间浪费在无穷尽的抱怨上，也别给自己找懒惰的借口，只要你现在就去做，每天多做一点，你终会有所收获。我们来看看下面这个故事：

陈彦毕业后，误打误撞就进了现在的这家公司，从事产品销售的工作。可能是年少轻狂，也可能是信心，陈彦面对这份工作，表现出了极大的热情。这天，上司就让他去一个地方开发市场，那地方十分偏僻，上司曾经把这个任务派给过3个人，但都被他们推脱掉了，因为他们一致认为那个地方根本不会有市场，即便去了也是徒劳。但陈彦则不这么想，他认为，如果自己能开辟出这片市场，那么，即使自己还是个新人，在公司也能站稳脚跟。给领导留下个好印象。因此，他明白，这也是领导给自己的一个考验的机会。于是，他出发了。

令同事们感到的惊讶的是，三个月后，疲惫的陈彦回到了公司，他带回了好消息，那里潜在的市场很大。

其实，陈彦在出发前，也认定公司的产品在那个偏僻的地方没有销路。基于坚决的服从意识，他还是毅然前往，用尽全力去开拓市场，并最终取得了成功。

下属陈彦的这种决断力是我们必须学习的。无论什么时候，都应该主动、积极地去完成领导交给你的任务，这是执行的第一步。任何一个领导都不会喜欢做事犹豫不决、迟迟不动手、问长问短的下属。

因此，我们要记住，高效率地做事，就必须要学会立即执行，而不是找借口拖延。

1.你的人生要有一个明确、有价值的目标

一些人总是拖延、觉得人生无望，就是因为他们找不到立即执行的原动力。有目标的人绝不会陷入迷茫中。当然，树立目标的过程中，你的自我期望要建立在符合自己的实际情况、切实可行的基础之上。任何一个人都应该有自己的理想和志向，但这种理想和志向，不能是高不可攀的，也不应当是唾手可得的，而应该是通过一定的努力，可以实现的适宜的目标，应该符合个人的个性特点和实际能力水平。

也就是说，我们每个人都要为自己树立一个华丽的梦想，那么，无论你再辛苦，你也会感觉到快乐。这样，在你最忙碌、感到疲惫的时候，你不妨看看周围的人，即使做着同样的工作、看似差不多的生活，但在五年、十年乃至更短的时间，大家的命运都有可能完全不同，因为在每个普通的外表下，都有可能隐藏着不同的梦想，人生因梦想而变得闪闪发光。为梦想而工作，即使顶着压力，背负辛苦，你也会感到快乐。

2.为实现自己的目标，制订出切实可行的计划，来逐步达到目标

你若想成功，就要做到：一旦有了目标，就围绕目标，想方设法，积极行动，为早日实现自己的目标而奋斗不已。

说一尺不如行一寸。只有行动才能缩短自己与目标之间的距离，只有行动才能把理想变为现实。行动是治愈恐惧的良药，而犹豫、拖延将不断滋养恐惧。成功的人都把少说话、多做事奉为行动的准则，通过脚踏实地的行动，达成内心的愿望。

3.要有时间的紧迫感

社会发展到现在，闲暇在每个人的生命中，已经成为举足轻重、仅次于生活必需时间的第二大时间段。一个人要想有所成就，就应当重视合理地安排时间，最大限度地提高时间的利用率。在成功的诸多因素中，天资、机遇、健康等都重要，但把所有有利条件发挥出来的决定性因素，是利用好每一分每一秒的时间。

4.坚持学习

这个时代处于信息大爆炸的时代，知识更新的速度也非常之快，导致有很多大学生从一毕业开始，知识就已经落伍了。由此，像几十年前一样凭借着大学中的所学应付工作的局面已经不复存在了，如今的大多数年轻人一旦从大学校园里走出来，就必须马上学习，从而不断充实和更新自己的知识储备。

现实生活中，偏偏有很多年轻人无法意识到学习的重要性，他们觉得学习使人感到痛苦，因而总是贪图享乐，也想稀里糊涂地享受人生。然而，一时的快乐必然要付出人生痛苦的代价，这就是所谓的先甜后苦。明智的年轻人不会在应该拼搏的时候选择安逸，他们很清楚暂时的努力，是为了将来人生的轻松。因而他们能够认清楚自己的情况，选择积极主动地学习，努力提升和完善自己，也会坚持接受新生事物，让自己获得更大的信息量。这样的人生才是未雨绸缪的人生，也只有这样的人才能做到终生学习，从而避免被时代淘汰。

让学习成为一种习惯，最重要的就是要行动起来，我们应该充分认识到学习的重要意义，真正把学习当成一种责任、一种追求。当然，让学习成为一种习惯，并不是一蹴而就，而是一个长期的过程。在这个过程中，我们需要将自己的坏习惯改变成学习的好习惯。不要沉湎于棋牌桌上的玩乐，不要沉浸在觥筹交错的应酬中。任何一种习惯都有强大的惯性，好习惯是这样，坏习惯更是如此。一个人的时间和精力有限，如果你想让学习成为一种习惯，那么，就要改掉自己的坏习惯。

总之，人生苦短，只有区区数十年光阴，在这有限的时间内，如何使自己的人生走向辉煌呢？我们无法延长时间，但我们可以追求效率。

第6章

你要的安全感，从来只有自己才给得了

现代社会中的很多人，也包括年轻人，大概都在为了生活奔波，为了前程担忧，进而陷入了深深的不安感，其实对于他们来说，缺乏安全感，是因为自身不够强大，的确，那些幸福、成功的人，他们都有一个强大的心灵，他们总是敢于走自己的路，他们勇往直前，从不畏惧，而内心强大，得益于能力、学识、修养的不断提升，为此，我们每个人也要内外兼修、提升自我，建立安全感，从而使自己免于忧虑、触摸和感受到真正的幸福。

你要的安全感，只有你自己能给

生活中的你，不知是否有这样的感觉：你常常感到很无力，你很努力，但还是很穷，你买不起房，买不起车，你总说担心下个月孩子的补习费从哪里来，你感到前途渺茫、充满了深深的无力感，你总说感到忧心忡忡、殚精竭虑。其实，这就是缺乏“安全感”的表现，而安全感任何人都没办法给你，除了你自己，内心安宁的人，他们往往足够强大，能以平静、淡然的心态面对周遭发生的人事物时，那么，无论世界无论怎么变化，你都能感到心安，而相反，只有脆弱的人才会任凭自己的情绪被周遭的事物影响，才会盲目攀比、无尽地抱怨，才会活在阴暗之中。

的确，“安全感”来自于我们内心的安宁，也只有我们自己能给。依赖任何人，将人生安宁的权利交付到他人手上，你只会更加惴惴不安，所以，如果你是个喜欢依赖他人的人，要想获得安全感，那么你首先就要明白凡事靠自己的道理，并戒除依赖。

曾经有一个叫魏特利的人，他经历过这样一件事：

19岁那年，他的朋友特别多，一天，有个朋友和他约好，就在周日早上，他们一起去钓鱼，魏特利很高兴，因为他还不会钓鱼。

因此，头天晚上，他先收拾好所有装备，比如，网球鞋、鱼竿等，并且，因为太兴奋，他居然还穿着自己刚买的网球鞋就上床了。

第二天一大早，他就起床了，把自己的东西都准备好，并且，他还时不时地朝窗外看，看看他的朋友又没有开车来接他，但令人沮丧的是，他的朋友完全把这件事忘记了。

魏特利这时并没有爬回床生闷气或是懊恼不已，相反，他认识到这可能就是他一生中学会自立自主的关键时刻。

于是，他跑到离家最近的超市，花掉了他所有的积蓄，买了一艘他心仪已久的橡胶救生艇。中午的时候，他将自己的橡胶救生艇充上气，顶在头上，里面放着钓鱼的用具，活像个原始狩猎人。

随后，他来到了河边，魏特利摇着桨，滑入水中，假装自己在启动一艘豪华大油轮。那天，他钓到了一些鱼，又享用了带去的三明治，用军用壶喝了一些果汁。

后来，他回忆这次的光景，他说，那是他一生中最美妙的日子之一，是生命中的一大高潮。朋友的失约教育了他，凡事要自己去做。

生活中最大的危险不在于别人，而在于自身。不在于自己没有想法，而在于总是依赖别人。那些有依赖性格的人，常常有无助感，总感到自己懦弱无助，无能，笨拙，缺乏精力。同时还有被遗弃感。他们将自己的需求依附于别人，过分顺从于别人的意思，一切悉听别人决定，深怕被别人遗弃。当亲密关系终结时，他们则有被毁灭和无助的体验。他们当然就缺乏独立性，不能独立生活，在生活上多需他人为其承担责任，做任何事都没有主见，在逆境和灾难中更容易心理扭曲。

英国历史学家弗劳德所说："一棵树如果要结出果实，必须先在土壤里扎下根。"同样，一个人首先要学会依靠自己、尊重自己、不接受他人的施舍，不等待命运的馈赠。只有在这样的基础上，才可能做出成就。

我们也应该获得启示，凡事靠自己，形成独立的性格，才能真正成长为一个顶天立地的人。为此，要培养自己做事有主见的性格，如果你是一个有依赖性的人，那么，从现在起，你必须学独立面对各种生活问题，为此，你需要做到。

1.明白求人不如求己的道理

面对人生的困境，你要懂得，求人不如求己。总想着依靠他人的帮助的人，总想有人能在危难时搀扶你一把，你永远也无法完成任何伟大的事业。只有自主的人，才能傲立于世，才能力拔群雄，也才能开拓自己的天地。潜能激励专家魏特利曾说过这样的话："没有人会带你去钓鱼，要学会自立自主。"

2.不要总是指望他人的帮助

不可否认，人生在世，总要或多或少地依靠来自自身以外的各种帮助，比如，父母的养育、师长的教诲、朋友的关爱、社会的鼓励……可以说，人从呱呱坠地那一刻起，就已开始接受他人给予的种种帮助。然而，许多人却把自己立身于社会的希望完全寄托在父母和朋友的身上。这样的人，显然不可能在生活上自立自强、在事业上有所作为。有句话说：靠吃别人的饭过日子，就会饿一辈子。

3.不要再随波逐流

我们要有主见，就不能凡事都随大流，碰到挫折便畏缩不前，盲目地听从别人主见，这样就失去了“自我”，失去了个性，成为别人的尾巴，听别人摆布，或者为了满足他人的爱好，而不惜天天戴着精心制作的假面具，违背自己的人格，失去了做人的主体而成为奴隶，这样的活着有什么意义，有何价值呢？

如果你想在职场做出一番成绩，就必须全面、正确地识客观事物，通过由表及里，由此及彼，去粗取精的加工过程，抓住事物发展的规律，结合自身的条件，制订符合实际的理想和奋斗目标，在实施中根据客观事物的发展变化修正理想和目标，使人生幸福之路永远长青。

4.要学会独立思考

聪明的女人都有独立思考的习惯，她们不会人云亦云，而是会用自己的大脑去思考。而相反，即使你貌若天仙，却给人一种没大脑的印象时，你的魅力也会顷刻间荡然无存。

总之，世间的痛苦和快乐不操纵在别人的手里，而掌握在我们自己的手中，我们是自己的幸福的决定者。我们怎样看世界，世界就是什么样子。若以爱心来看世界，那么这个世界到处充满了爱；我们若以愤懑的眼光来看世界，那么这个世界就是个怒火焚烧的地狱。我们如果想获得安宁，就要独立思考、凡事靠自己，成为自己的王。

谁都靠不住，唯有靠自己

提到“靠自己”，我们很容易想到电视剧《欢乐颂》中樊胜美这个角色，在第一部里，她总是想要找一个大款或者有钱人依附自己的人生，在第二部里，她好不容易才尘埃落定和王柏川在一起，却依然不管什么事情都想推脱给王柏川解决。看似独立能干的她，一旦遇到自己的事情就会马上束手无策，更不愿意承担任何繁重的生活，总而言之，她把自己对于人生的所有渴望和憧憬都寄托在王柏川身上，希望通过王柏川的成功，彻底改变自己的命运。最终，王柏川在父母的赞助下买房，却拒绝写她的名字，为此，她痛定思痛，在如此沉重的打击下开始反思自己的人生，最终意识到自己还不如小蚯蚓独立，更不如其他几个室友那样自力更生。虽然她也负担了沉重的家庭，但是她却始终没有摆正自己在人生中的位置，所以才会导致如此被动，而且在大都市辛苦打拼这么多年，却依然毫无收获。

樊胜美这个角色，给了很多想要靠男人的女性一记重击：任何人，无论男女，想要过上想要的生活，谁都靠不住，唯有靠自己。

大学毕业后，丹丹就和大学时青梅竹马的恋人陈凯结婚了。很快，她怀孕了，此时又恰逢陈凯事业发展的关键时期，因而丹丹主动辞职，一边孕育孩子，一边安心照顾家庭，给陈凯做好大后方的工作。几年之后，孩子该上幼儿园了，陈凯也事业有成，大家都以为丹丹的好日子要来了，可以当个富贵优雅的全职太太了。然而，陈凯这时突然与办公室里的“花瓶”产生了暧昧关系。得到消息后，丹丹简直觉得天都塌了。

她不知道如何面对孩子，也不知道怎样开始接下来的人生，原本她以为只要努力相夫教子，操持好家庭，自己就会和陈凯继续这样默契地合作下去，共同创造美好的生活。虽然陈凯恳求丹丹原谅她，但是性情孤傲的丹丹却提出了离婚。幸好，丹丹虽然被生活磨砺得失去了很多，但是还算没有忘记自己的心性。离婚之后，丹丹痛定思痛，觉得不但要倚靠自己活得漂亮，而且要把儿子养育成人，让所有人都对自己刮目相看。就这样，她像是一个初入社会的小女生，一切从头开始，吃了很多苦，也遭遇了很多困境。但是，原本如同笼子里的金丝雀一般的她，突然间变得坚强起来，在所有人都以为她无法坚持下去的时候，她成功战胜了自己，在职场上打拼出了一片属于自己的天地。自立自强、独立勇敢的丹丹，赢得了很多成功男士的尊重和青睐。她的追求者依然有很多，虽然她是个单亲妈妈，不但要忙工作，还要照顾孩子，但是她的魅力从未打折。最终，在众多追求者中，有位优秀的男士脱颖而出，赢得了丹丹的倾心。丹丹开始了自己崭新的人生，她决定接下来无论发生什么事情，她都不能成为攀援的凌霄花，而要以树的形象与自己心爱的男人比肩而立，相互在微风中点头致意。

一次失败的婚姻，给予了丹丹深刻的人生感悟，使丹丹意识到女人必须独立自强，成为自己命运的主宰，才能在人生中的每一个时刻都活得潇洒。所以在第二次婚姻中，不管生命的另一半多么成功，丹丹都会保持自己独立的人格，独立的经济能力，绝不靠着男人养活，成为温室里的花朵。

事实上，不只是女人，每个年轻人都要明白，哪怕你家境再优越，资源再丰富，你也要努力地提升和完善自我，让自己哪怕仅凭一已之力也能潇洒地面对艰难的生活，要活得成功，更要活得漂亮。

我们不难发现，社会上有一些富家子弟，他们受到了教育的“温室效应”的毒害，教育的“温室效应”主要是指受教育者受到家庭、社会、学校尤其是家庭方面的过分溺爱，造成他们任性固执、追求享受、独立性差、意志薄弱、责任感淡漠等弱点的社会现象。对于他们来说，破除对他人的依赖极为重要。

香港巨富李嘉诚的名字早已家喻户晓，尽管他拥有亿万家财，但对于子女的教育问题，他一直比较重视，并且，他非常注重培养孩子的独立生活的能力，他这样做，是为了让孩子练就靠自己生存的本事。

李嘉诚有两个儿子，就在他们还只有八九岁时，他们就遵循父亲的意思经常参加董事会，并且，他们不能只是旁听，还必须发表意见和见解。这样做的好处在于，他们能看到长辈们是如何处理公司的事务，能锻炼自己处理和分析问题的能力。

后来，他们都考上了美国斯坦福大学。毕业后，他们也曾向向父亲表示想要在他的公司里任职，干一番事业。李嘉诚断然拒绝了他们的请求。

李嘉诚是这样对两个儿子说的："我的公司不需要你们！还是你们自己去打江山，让实践证明你们到我公司来任职是否合格。"

于是，他们都去了加拿大，一个搞地产开发，一个去了投资银行。他们凭着从小养成的坚忍不拔的毅力克服了难以想象的困难，把公司和银行办得有声有色，成了加拿大商界出类拔萃的人物。

李嘉诚教育孩子的方法无疑是正确的，父母作为还成长的坚实后盾，永远在儿子的身后予他最多支持与信任，越早放手的孩子越是父母对他们最大的爱。

人应该是独立的，独立行走，使人类脱离了动物界而成为万物之灵。我们的成长过程就应该是一个逐渐独立与成熟的过程。但现代社会，我们生活中就是有些人，他们对周围的人的依赖却困惑着自己，一旦失去了可以依赖的人，他们会常常不知所措。如果你具有依赖心理而得不到及时纠正，发展下去有可能形成依赖型人格障碍。

其实，人生成功的过程也就是是个人克服自身性格缺陷的过程。如果一个人过于依赖他人，那么，它可能影响着你未来的婚姻家庭等生活状况，同时也影响着你的人际交往、职业升迁、事业发展……因此，如果你也有依赖性格，就必须从现在起，靠自己的努力克服。

自己的人生，由自己操纵掌控

在西方，有一句家喻户晓的名言——每个人都是自己的命运建筑师，它出自于克劳笛乌斯。这句话的含义是：要成为什么样的人，拥有怎样的人生，是取决于我们自己的。任何一个青少年朋友，都应该牢记这句话，并学会为自己的人生添砖加瓦。

我们先来看下面一个故事：

在绘画界，有这样一个故事。

有位擅长绘画画像的画家，他画过一副耶稣的画像，我们都知道，耶稣是上帝之子，是神圣的代表，他的画像自然应该庄严肃穆，因此，在画这幅画像时，他四处寻找，终于找到了模特，且完成了画作。

事隔几年后，有人指出，尽管这幅画像惟妙惟肖，但却美中不足，如果能将撒旦的画像与其放在一起，更能凸显耶稣画像的庄严和艺术性，画家接受了这一建议，他决定寻找这样一位面容凶残的模特，但是去哪里寻找呢？

正当画家为此苦恼时，有人建议他去监狱中寻找。

当画家为囚犯画像时，这个囚犯突然掩面哭泣起来。画家就问他说："你怎么哭了呢？"

"我是触景伤情，忍不住悲伤才哭的。"

"什么事让你如此痛心呢？"

"几年前我也曾经当你的模特儿，想不到数年后我又遇到你，可是人生的境遇却完全两样！"原来，这个囚犯就是先前充当耶稣画像的模特儿。

画家听了大吃一惊说："你的相貌怎么变得如此凶狠可怕呢？"

囚犯说，当时他得了这笔奖金，吃喝嫖赌，做尽坏事，甚至以身触法，坐进牢狱，相貌也因此变凶恶了。

相随心转，你的心可以让你变耶稣，也可以让你变撒旦，就全看你自己了。

这个故事告诉生活中的所有人，命运的主动权也掌握在我们自己手里，最终成为耶稣还是撒旦，也由我们自己决定。

所有的事实都证明：任何人，都应该靠自己的努力，掌控自己的命运，虽然年轻人可以靠父母和亲戚的庇护而成长，因爱人而得到幸福，但是不管怎么样，人生归根到底还是要靠自己的努力。

曾经有个一周岁左右的小男孩，一次被年轻的妈妈牵着小手来到公园的广场前，这个广场上，有个几十个阶梯的台阶，母亲原本准备牵着小男孩上台阶，但没想到的是，这个小男孩居然挣开了母亲的手，要自己爬上去。

然而，台阶实在太高了，当他爬了几个台阶以后，他觉得很害怕，就回头看看妈妈，结果妈妈还是站在原地，也没有要抱他的意思，只是给了他一个鼓励的眼神。于是，他回过头来，继续爬，尽管很吃力，但他手脚并用，最终还是爬上去了，直到这时，年轻的妈妈才过去将儿子抱起来，并在儿子的脸蛋上狠狠地亲了一口。

这个小男孩，就是后来成为美国第16届总统的林肯。他的母亲便是南希·汉克斯。

林肯出生很卑微，他是一个私生子，并且相貌丑陋，言谈举止都不招人喜欢。

这些缺点都让敏感的林肯感到很自卑，最终，他决定靠自己的力量改掉这些缺点，于是，他拼命自修以克服早期的知识贫乏和孤陋寡闻。没有好的学习条件，他就自己创造，他曾用小木棍在地上写字，他不放过任何一个学习的机会。后来，林肯做过很多工作，当过工人，当过律师，也失业过。他从29岁起，开始竞选议员和总统，前后尝试过11次，失败过9次。在他51岁那年，他终于问鼎白宫，并取得了辉煌的业绩，被马克思称之为“全世界的一位英雄”。

母亲南希在林肯9岁那年不幸病故。但毫无疑问，她用坚强而伟大的母爱抚养了林肯，使他勇敢而坚定地走向未来。

生活中的每一个人尤其是年轻人都应该从林肯的成长经历中获得启示，只要不把你的命运交给别人，你就能决定自己的命运。一个人想要成功必须具有自信。不需要依靠别人，自己的人生，由自己操纵掌控。其实，对于你们来说，你的成长过程也就像走楼梯的台阶，随着时间的推移，你走过的台阶就越多。显而易见，如果家长牵着、搀扶着你走，你就会逐渐产生依赖性，最终只会把父母当成拐棍而难以自立。如果你被父母抱着上台阶，那么，你就会成为“被抱大的一代”，不经风雨，不见世面，更难立足于社会。

可能有年轻人会认为命运是客观的，但命运只是一个大方向。比如，你是能成为一幢楼，还是能成为一棵树，或是只能是一块石头。但你能成为什么样的楼、怎样的树、哪一种石头，就取决于你自己了。

其实命运是很公平的。如果上帝没赋予你美貌，那一定会赋予你智慧；如果没赋予你智慧，那一定会赋予你美德；如果没赋予你逻辑思维能力，那一定会赋予你形象思维能力；如果没赋予你动脑能力，那一定会赋予你动手能力。每个人都是上帝的宠儿，上帝一定赋予了你很闪光的优点，只是你要能认识到，并把它发挥出来。

实际上，那些成功者，比如，企业家、高官、个体经营者、厨师、建筑设计师，他们的成功都是来自于他们在自己岗位上的努力付出，他们成功也都有个相同点，就是都沿着自己命运的方向，努力地建筑自己。而不成功的人都有两个共同点，就是不知道自己能成为怎样的房屋，也没努力地为自己添砖加瓦。

为此，青少年朋友们，你需要记住的是，千万别好高骛远，异想天开。更不要自暴自弃，怨天尤人。每天就是混日子，不思进取，不学无术，不务正业。如果这样，即使你命中注定能成为高楼大厦，你也会是一片废墟。一番耕耘不一定就有一番收获，但不耕耘肯定没有收获。

过分依赖他人，是人生的悲哀

我们都知道，无论是谁，我们的成长过程就应该是一个逐渐独立与成熟的过程。但现代社会，随着物质生活水平的提高，我们发现，很多年轻人正在走着父母为自己铺的路，这些父母要么把帮助孩子积累财富当成“终生事业”，千方百计地为孩子积累钱财，要么在孩子还年少时就为孩子设置一条人生路，其实，对于这些年轻人来说，他们的人生是悲哀的，一旦他们失去了来自父母的依赖，就会陷入深深的困惑之中，感到不安和焦虑，甚至形成依赖性人格障碍。更别说立足于社会了。

有一天，一个老人和一个年轻人一起来到沙漠里栽种胡杨树。等到树苗成活以后，老人很少来，即使偶尔来了，也只是扶一扶被风刮倒的树苗，不浇一点水，任由胡杨自由地生长；年轻人却觉得沙漠里太干旱了，树苗很难长成大树，所以每隔几天就来给树苗浇水。转眼间，几年过去了，老人的胡杨树看着很干枯，似乎在沙漠中渴了很久的枯树一样。而年轻人的胡杨树则不一样，他们郁郁葱葱，长得很粗壮。沙漠里的气候很恶劣，突然有一天，刮起了罕见的沙尘暴。风停后，人们惊讶地发现，老人种的胡杨树只是被风吹折了一些树枝，吹掉了一些树叶，而年轻人栽的胡杨几乎全都被风刮倒了，有的甚至被连根拔起。年轻人疑惑不解，就问老人这是问什么，老人缓缓地说道：“这是因为你总是隔三差五地来给树浇水施肥，这样一来，它们自己就不会努力把根往泥土深处扎以吸收养分和水分。而我种的树则不同。自从树苗成活以后，我从来没有给树浇过水，因为生存环境的恶劣，所以它们不得不把自己的根扎到地底下的泉源中去。你想，树有这么深的根，怎么可能轻易地被风刮倒呢？”

心理学家称，一个人要想真正成为一个自由的人，首先就要在精神上独立，戴尔·卡耐基曾说，一个人心灵成熟的过程，就是一个不断发现和挖掘自我的过程。要知道，无论是谁，了解自己都是了解他人和了解世界的前提。这正如苏格拉底告诉我们的：“了解自己就是智慧的开端。”所以，这里我们可以总结出，你是独一无二的这句话是现代人对古代人智慧的一种新诠释。

所以，无论做人还是做事，都要靠自己，要有自己的主见，不能凡事都随大流，碰到挫折便畏缩不前，更不能盲目地听从别人，一味地依赖别人，违背自己的人格，失去了做人的主体而成为奴隶，这样的活着有什么意义，有何价值呢？

一个人在屋檐下躲雨，突然看见远处走来了一位撑着伞的禅师，因此，他大声喊道：“禅师！佛法讲求普度众生，你可以度我一程吗？”

禅师说：“我走在雨里，你躲在屋檐下，我被雨包围着，而你藏身的屋檐下却根本没有雨，你有何需我度你呢？”

听到禅师这么说，那个人赶紧走出屋檐，站在雨里，说：“您看，我现在也在雨里了，如今，你可以度我了吧？”

禅师还是说：“我依然不能度你！”

那个人疑惑不解地问道：“刚才我在屋檐下你不度我，现在我在雨里，你为什么还是不度我呢？”

禅师说："此时此刻，咱们俩的处境是一样的，即都在雨中。唯一的区别在于我带伞了，而你没有带伞，所以我没有淋雨，而你却淋雨了。确切地说，我之所以没有淋雨，是以为伞度我，因此，我根本无法度你。假如你想找人度你，那么，你根本不必找我，正确的做法是找伞！"

虽然那个人被大雨淋得浑身都湿透了，但是，直到最后，禅师也没有度他。

那人忿忿不平地说："既然不愿意度我，就应该早点儿说明。绕了这么大一个圈子，是故意想让我淋雨吧。人们都说佛法讲求'普度众生'，我看佛法是'专度自己'！"

禅师听了，丝毫没有生气，而是平心静气地说："想要不淋雨，出门的时候就要记得自己带伞。有的人总是想依赖别人，即使看到天马上就下雨了，也不带伞，一心只想着别人肯定会带伞，肯定会有人帮助他，实际上，这种想法是最害人的。如果一个人不依靠自己的努力，而一心只想着依赖别人，到头来终将毫无所得。实际上，真正悟道的人是不会被外物干扰的。人生来就有自性，只是有的人因为平日不去寻找，所以还没有找到而已。如果自己不作任何努力，只把眼光放在别人身上，想依靠别人成功，那简直是不可能的。"

这个故事同样告诉每个年轻人，过分地依赖别人，必将使自己在面对困境的时候手足无措。就和胡杨树一样，任何时候，人都应该靠自己，只有这样，才能使自己从容地面对人生的风风雨雨。这个道理也同样适用于我们的生活和工作中，虽然我们在职场。虽然职场不讲求佛法，环境也不像沙漠那般恶劣，但是，职场却同样要求每一个勤奋努力，依靠自己获得成功。

其实，人生就是一个过程，一个不断历练自己、成就自己的过程，正如古人所说：“不经一番寒彻骨，哪得梅花扑鼻香。”不管是在生活中，还是在生活中，我们都要依靠自己，自立自强。如果过分依赖别人，轻则被别人釜底抽薪，重则被别人利用，不管是哪一种结果，都是我们所不愿意看到的。

总之，我们要做个有自信、有主见的人，要有自己的思想和决断，不要总是依赖别人，只有这样，你才能获得事业、爱情以及人生的成功。

第7章

想要改变，从这些小细节开始吧

前面，我们提及，任何一个年轻人，都要认识到突破现状、改变自己的重要性，毕竟在这个世界上，变化才是永恒的真理，正如有句歌词唱的，心若改变，世界也为之改变。的确，和改变别人相比，无疑改变我们的内心是更容易的。换言之，我们想要怎样的改变外界，首先应该先相应地改变自己。然而，改变自己并不是一句空口号，而应该落实到我们的生活和学习中，为此，我们不妨从这些小细节开始吧。

狠点心，破除阻碍你成功的坏习惯

生活中，我们常提到“习惯”一词，那么，什么是习惯呢？所谓习惯，指的是是人们成长过程中，在很长一段时间内逐渐形成的一种行为倾向。从某种意义上说，“习惯是人生最大的指导”。习惯的力量是惊人的，它可以让你做出令人吃惊的事情。一旦某种行为变成了习惯，当你重复这种行为时，感觉很顺畅；当你做出违背习惯的行动时，你会觉得十分不痛快。好习惯、坏习惯都如此，可是有一句话：“学好难，学坏易。”当你养成坏习惯，想改掉它是一件需要下功夫的事情。同样地，如果想改掉某个恶习也是如此。

经营自己的习惯，一个人有着怎样的习惯，对于他的人生影响巨大，好的习惯带他走向人生的辉煌，不好的习惯会让他反复在失败中煎熬。想要成功就必须从现在开始就培养自己良好的习惯，包括积极正确的金钱观念，处世观念，成功观念，甚至细小的习惯动作，都要培养。

我们著名教育家叶圣陶先生也认为，要养成某种好习惯，要随时随地加以注意，身体力行、躬行实践，才能“习惯成自然”，收到相当好的效果。因此，在日常生活中，我们也要注意自己的言行习惯，“行成于思毁于随”，如果你有一些恶习，那么在养成好习惯之前，你首先需要克服它们。

苏格拉底门下有很多学生，他经常带领这些学生四处游历、饱览名山大川。几年下来，这些学生都学到不少知识，有些还成为满腹经纶的学者，为此，苏格拉底感到很欣慰。作为这些学生自己，他们也认为自己可以顺利“毕业”了。

一天，苏格拉底带领这些学生来到一片旷野上，他让大家在草地上围坐在一起，然后对他们说：“现在，你们已经个个都是饱学之士了，你们也马上可以从我这儿毕业了，但最后一次，我再问你们一个问题。”毕业前，老师问的问题当然很重要了，学生们一个个竖起了耳朵，想听听老师会问什么问题。

“我们现在坐着的是什么地方？”苏格拉底问他们。

学生们回答道：“旷野。”

苏格拉底又问：“这里长了什么？”

学生们答曰：“草。”

苏格拉底说：“是的，你们都回答得问题，这里长满了草，那么，接下来，我要问的是，你们要用什么办法，才能清楚掉这些杂草？”

这是哲学问题吗？一向严谨的老师，怎么会问这么简单的问题？拔除出杂草明明是农民才应该需要思考的问题？学生们都对苏格拉底的问题感到很好奇，但他们还是按照自己的想法一一作答。

“这个问题太简单了，用手拔掉就行了吧。”一名学生抢先开口。

另一个学生答道：“用镰刀割掉，那样会省力些。”

第三个学生回答得更为干脆：“用火烧更彻底。”

苏格拉底从草地上站起来，清了清嗓子，然后说，说：“那么，同学们，现在你们就按照自己的方法，划定一片区域，将各自区域的杂草清楚掉，明年，我们再来看看自己的战果，看看谁的方法更有效。”

约定的时间到了，一年后，所有的学生都齐聚在这片曾经长满杂草的地方。令他们高兴的是，这里再不是杂草丛生，但却依然有很多参差不齐的杂草在风中摇摆。然后，苏格拉底带领他们带来另外一块地方，这里不是学生们除草的范围，这里没有杂草，而是长满了旺盛的麦苗，学生们凑近一看，看到了一块木牌，那是苏格拉底的笔迹，上面写着：“要想除掉旷野里的杂草，方法只有一种，那就是在上面种上庄稼。”

学生们恍然大悟。

用麦苗根除杂草是一种智慧。我们在培养习惯时，是否可从苏格拉底那里领悟借鉴呢！好习惯多了，坏习惯自然就少了。

可见，好的习惯是十分重要的，它可以让人的一生发生重大变化。满身恶习的人，是成不了大气候的，唯有有好习惯的人，才能实现自己的远大目标。这就告诉我们，你若想拥有一个成功的人生，就必须改掉当下存在的一些坏习惯。

那么，阻碍我们成功的恶习有哪些呢？

1.自制力薄弱

生活中，人们之所以会做那些让自己后悔的事，归结起来，大多是因为自制力薄弱，抵挡不住诱惑，因此做了不该做的事。同时，自制力也能帮助我们抵制很多不良习惯，如懒惰、拖延等；能缓解不良情绪，如冲动、愤怒、消极；能抵御外界形形色色的诱惑，等等。而如果你自制力差，那么，那些不良的行为和情绪就会占据主导地位，从而控制你。那么，你很快就会失去奋斗的激情、学习的动力，甚至会偏离人生的正确的方向，误入歧途。

提升自制力是一个长期的过程，你可以逐步给自己加大阶段性目标，不可心急。拿学习来说，如果你决定从明天起好好学习，要每天学习十个小时以上，那么，你很可能因为没有达到目标而气馁，而如果你先给自己定一个较为合理的目标，比如，你可以在第一周时每天学习1个小时，少玩15分钟，倘若做到这一点的话，第二周每天学习1个半小时，少玩20分钟，再做到这一点的话，就可以每天学习2个小时，少玩30分钟。慢慢地，你会发现，自觉地学习已经成为了你的一种习惯而自制力也自然而然地形成了。任何坏习惯的改变或好习惯的形成都可以采取这个方法。

2.懒惰

因此，如果你是个懒惰的人，你不妨做出以下改变：

不要天天让家人给你拿碗筷；闲暇时帮家人做点家务；每天整理干净再出门，不要给人邋里邋遢的感觉。学习时，变主动为被动，积极起来……

3.三分钟热度

你也想努力做一件事，比如，钻研某件乐器，搞好学习等，但往往使你最终不能成功的原因是因为你的中途退缩。如果你不能在青春期就克服这一坏习惯，那么，它会影响到你的一生。

4.重复错误

成功者之所以成功，并不是因为他们杜绝了所有的错误，而是因为他们能从错误中吸取教训，不断改正错误；而同样，失败者之所以失败，是因为他们常常重复错误。的确，很多时候，从错误中学到的东西常比成功教我们的更多，犯了错却不吸取教训，白白放弃如此宝贵的受教育机会实在可惜。

总之，习惯的养成，并非一朝一夕之事；而要想改正某种不良习惯，也常常需要一段时间。根据专家的研究发现，21天以上的重复会形成习惯，90天的重复会形成稳定的习惯。

不断练习和反复强化，养成这些好习惯

拿破仑·希尔说：“播下一个行动，你将收获一种习惯；

播下一种习惯，你将收获一种性格；播下一种性格，你将收获一种命运。”事实表明，习惯左右了成败，习惯改变人的一生。一句话，成也习惯，败也习惯。生活中的人们，如果你希望养成一些受益终生的好习惯，就要从现在起，在日常生活中有意识地训练自己。因为一般说来，习惯可以在有目的、有计划的训练中形成，只要你做到坚持，长此以往，好习惯自然就会悄悄形成。

古时候，有个学问家叫孟轲。他刚上学的时候，很用心，写字一笔一划，很工整。不久，他觉得学习太辛苦，不如在外面玩耍快活。于是，他逃学了，常到山坡上树林中去玩，好开心啊!

一天，他回到家里，正在织布的妈妈问他：“怎么这么早就放学了？”他只好承认逃学了。妈妈生气地说：“我辛辛苦苦织布供你读书，你却逃学，太没出息了!”小孟轲连忙给妈妈跪下。

妈妈拿起剪刀，一下子把没织完的布剪断了，说着：“你不好好读书，就像这剪断的布，还有什么用处!”

小孟轲哭着说：“我错了!今后再也不贪玩了。我一定好好读书!”从此，小孟轲勤奋学习，从不偷懒。后来他成了著名的大思想家。

孟轲为什么能成为著名的大思想家？这来自于他能认识到的自己的错误，然后能做到自控，克制自己不再贪玩、努力学习。的确，生活中，人们常说，“习惯成自然”，学习也是如此，刚开始的时候，我们可能需要自己压制来自于外界和自身的一些干扰，但久而久之，一旦我们养成勤奋好学和专注于学习的习惯，一切积极的做法就水到渠成了。

古罗马喜剧作家普劳图斯曾说：“习惯是在习惯中养成的”，这句话的含义是，任何习惯的养成都不是一朝一夕，而是长久形成的。习惯的力量是巨大的，人一旦养成一个习惯，就会不自觉地在这个轨道上运行。如果是好习惯，则会终生受益；反之，就会在不知不觉中害你一辈子。通常我们说一个人素质不高，往往就是因为这个人有许多坏习惯。

行为心理学研究表明：21天以上的重复会形成习惯；90天的重复会形成稳定的习惯。即同一个动作，重复21天就会变成习惯性的动作；同样的道理，任何一个想法，重复21天，或者重复验证21次，就会变成习惯想法。所以，一个观念如果被别人或者自己验证了21次以上，它一定已经变成了你的信念。也就是说，在21天内，如果你能控制住自己，那么，你就能成为习惯的主人，而如果你无法控制住自己的行为，你就会功亏一篑。

的确，任何一个习惯一旦养成，它就是自动化的，如果你不去做反而会感觉很难受，只有做了才会感觉很舒服。因此，关于好习惯的培养，你不妨给自己订一个计划，然后用日程本记下自己执行计划的过程。那么，21天后，你将养成好习惯，坚持21天，你就会成功。坚持21天，就能改变你的意识，影响你的形为，为你带来超乎想像的成功。你又何乐而不为呢？

那么，生活中的人们，你该怎样主动去培养那些好的习惯呢？

1.养成读书的习惯

除了你学习的书本知识外，你还应多阅读课外书籍，多读书最大的好处可以增长知识，陶冶性情，修养身心。

2.让好奇心引导你探求知识

可能你觉得现在的你已经具备了很多知识，但事实真的如此吗？再退一步讲，人生的知识并不是书本上的，你真的对周围生活和自然以及各个方面都了如指掌吗？如果你觉得自己什么都懂，你多半不会是一个谦虚的人，实际上，越是知识渊博的人越是发现自己知道的少，培养好奇心也可以达到同样的效果，越是充满好奇越是对未知充满敬畏，也就越谦虚。

3.勇于创新

骄傲自满，你将很快就被超越。而只有进步才能获得更强的竞争力。然而，没有创新就不可能进步。因此，你应该将自己的求知欲望和求知兴趣激发出来，鼓励自己多参与动脑、动手、动眼、动口，使其善于发现问题，提出问题，并尝试用自己的思路去解决问题。

4.坚持运动

达·芬奇曾说：“运动是一切生命的源泉。”的确，生命在于运动，运动是保持身体健康的重要因素。早在2400年以前，医学之父希波克拉底就讲过：“阳光、空气、水和运动，这是生命和健康的源泉。”生命和健康，离不开阳光、空气、水分和运动。长期坚持适量的运动，可以使人青春永驻、精神焕发。

有研究表明，体育锻炼可以改善神经系统对肌肉的控制能力，使人体的反应速度、准确性和机体协调能力得到提高。科学工作者在对出生6周的婴儿进行脑生物电流测量时发现，长期对婴儿进行右手的屈伸练习，能加速大脑左半球语言区的成熟。这足以表明体育运动有助于孩子神经系统的发育和完善。

5.培养毅力

这是老生常谈的话题，但依然重要。那么，如何做到中途不放弃？你要有良好的心态，乐观的精神和自信心。很多人选择目标后又中途放弃，就是因为觉得坚持这么久，没有成果，觉得自己学的没有用。其实，条条大陆通罗马，既然选择了自己的路，就要毫不犹豫地走下去，一直在原地徘徊，犹豫不决，不知是否该前进，只能让时间白白流走而已。

当然，任何习惯的改变和形成，都是艰难的，但只要我们经历一段时间，一旦习惯形成后，它就会成为一种自动化的、下意识的行为反应了。

想要改变世界，不如先改变自己

比尔·盖茨曾说，你不要妄想去改变世界，也不要妄想去改变他人，那不是你能够轻易做到的，最好、最直接的办法就是改变自己，只要自己变了，一切都会随之而改变。一个人的性格和一项制度的形成，往往具有稳固性，当我们改变不了世界时，我们不妨先学会改变自己，因为改变自己永远比改变世界更容易。

对有些人来说，改变世界太难了，甚至是一件根本无法想象的事，但若我们能先从改变自己做起，事情就会简单的多。尽管生命无常，生活起伏，但是有不少东西是完全可以把握的，那就是我们对待生活的态度。只有自己先改变了，身边的一些人才可能会跟着改变；身边的一些人改变了，很多人才可能会跟着改变；很多人改变了，更多的人就可能会改变，可以说，要想改变世界，你必须从改变你自己开始。

一条孱弱的小河哗哗啦啦地从高山上奔腾而下，它非常勤奋，永不停息，穿过了森林，流过了草地，才环绕过村庄，最终来到了一片荒瘠的沙漠。小河很高兴地想：太好了，我终于走过了所有的坎坷，来到了广袤的地方。我一定能够很快地穿过这里，汇聚大海。想到这里，小河高兴地笑起来，毫无防备地朝着沙漠奔腾而去。突然间，它感到自己的身体变得越来越轻，原来，它被干旱的沙漠吸收了。不管它怎么努力，都无法成功地从泥沙中找回自己。它，渐渐地绝望。

看到小河伤心的样子，沙漠缓缓地说：“微风轻轻地就能吹拂过我，你也应该可以。”听到沙漠的鼓励，小河依然伤心欲绝：“但是，我很快就会干涸，消失进泥沙里。”沙漠坚定地说：“只要你愿意，你一定可以找到更好的方式，保留你自己。”沙漠里的骄阳很快就开始蒸腾小河，小河惊讶地发现自己的一部分身体变成了气体，漂浮在空中。它欣喜地喊道：“有了，我可以变成水气，跟随微风飘过去，这样泥沙就无法吸收我了。但是，这样我还是我吗？”沙漠笑了，说：“等你飞过沙漠，你还可以变回原来的样子啊！改变，是为了更好地存在，而不是为了消失。”沙漠的话让小河怦然心动。它鼓起勇气，勇敢地改变自己，果然很快就飞过了沙漠。等到了适当的时候，水气再次凝聚成水珠，小河融汇到更宽阔的河流里，变得更加雄壮有力了。

面对沙漠贪婪的吮吸，如果小河拒绝改变，就会完全浸入到泥土中，彻底地失去自我。幸好，在沙漠的启发下，小河勇敢地改变自己，不但成功飞过沙漠，还汇聚到一条更宽阔的河流里，增强了自己的力量。这个故事告诉我们，不管你的梦想多么远大，如果你不能处理好眼前的紧急事情，或者无法做好那些身边的小事情，你就会距离梦想越来越远。

人在一生之中，永远不可能一帆风顺。每个人，或多或少都会遇到各种各样的坎坷和挫折。当现实残酷地摆在我们的面前时，如果我们不能改变现实，那么就要从自身出发，努力地改变自身以适应外界社会。唯有如此，我们才能更好地生存。

命运始终掌握在我们自己手里，如果你无力改变所处的环境，那么就先试着改变自己，在适应环境过程中激发自己的能力，从改变自己开始，改造环境，获得快乐，最终改变才会别人，改变世界。

在27岁时，日本保险业泰斗原一平才进入日本明治保险公司开始他的推销生涯。当时，他穷得连午餐都吃不起，经常露宿公园。

有一天，他向一位老和尚推销保险。等他详细地说明之后，老和尚平静地说："听完你的介绍之后，丝毫引不起我投保的意愿。"老和尚注视原一平良久，接着又说："人与人之间，像这样相对而坐的时候，一定要具备一种强烈的吸引对方的魅力，如果你做不到这一点，将来就没什么前途可言了。"原一平哑口无言，冷汗直流。

老和尚又说："年轻人，先努力改造自己吧！"

"改造自己？"

"是的，要改造自己首先必须认识自己，你知不知道自己是一个什么样的人呢？"

老和尚又说："你在替别人考虑保险之前，必须先考虑自己，认识自己。"

"考虑自己？认识自己？"

“是的！赤裸裸地注视自己，毫无保留地彻底反省，然后才能认识自己。”

从此，原一平开始努力认识自己，改善自己，大彻大悟，终于成为一代推销大师。

一个人如果不先改正自己的缺点和不足之处，使自己成为一个人格完善的人，就很难获得成功，更谈不上去影响去改变别人。人活在世上的任务首先改变自己，进而改变世界。如果同事对你不友善，你不去改正自己的缺点，即使你换个单位也没用；如果你的成绩提不高，你不去改变学习方法和学习态度，即使换了老师也没用。只要你一改变，生活也会随之改变。

世界是在不断发展变化的，每个人也是在不断发展变化的。变化始终存在，不管这变化是好是坏，我们必须接受，而变化的好坏往往取决于人的适应能力。要适应瞬息万变的社会，我们必须做出改变，而且，改变必须从今天开始，马上开始，从自己开始，从每一件小事开始。这样才能获得成功！

适者生存，这是人类一切问题的答案。试图让整个世界适应自己，这便是麻烦所在。试图让一切适应自己，这是很幼稚的举动，而且是一种不明智的愚行。想要改变世界很难，而改变自己则较为容易。如果你希望看到自己的世界改变，那么，请先改变自己。

趁着年轻，养成主动汲取知识的习惯

生活中，相信不少年轻人在即将步入社会或刚刚步入的时候，都拥有奋力打拼，成就事业的野心，他们往往觉得自己已经学成出徒了，该到大显身手、建功立业的时候了，他们觉得在学校的时间才是真正学习的时间，走出学校需要的就是拼搏、拼搏、再拼搏。

事实真的是这样吗？就一个普普通通的本科毕业生来说，6年小学、6年中学、3年高中、4年大学，加一起有13年的时间待在学校，那么一个人在学校到底学到了什么东西？你肯定听到过新入职的毕业生说过："学校里学到的知识直接用于工作的部分几乎没有多少。参加工作之后，我才开始真正地学习用以谋生的知识！"

其实，任何一个成功者，他们无不是有不断汲取知识的习惯，相反，大多数只能与成功无缘，他们不能成功是是因为他们往往空有大志却不肯低下头、弯下腰，不肯静下心来努力学习、从身边的本职工作开始积聚自己的力量。要知道，只有一步一个脚印，踏实、不浮躁的学习，才能为成功奠定基础。著名政治家、科学家乔纳森·威廉斯说："不管你有多么伟大，你依然需要提升自己，如果你停滞在现有的水平上，事实上你是在倒退。"

宋朝思想家朱熹说过："无一人不学，无一时不学，无一地不学，无一物不学。”这正是终生学习的一种境界。我们常说“活到老，学到老”，在生活和工作中不断地充实自己的头脑，积聚更多更新的知识，在“升级”大脑的同时，增强自身的竞争力，成功和财富就会自然而然地流到你的身边。

CNN电视台名嘴赖瑞金曾邀请了全美43位精英人士参加自己的节目，而讨论的话题是如何迎接新世纪，希望这些精英们能给出一些建言。结果他发现，这些精英人物提出最多次的字眼就是“改变”和“学习”。基于这些想法，赖瑞金去了一趟国会图书馆，在那些年龄足有百岁的老式报纸中，他发现，人们在一百年前就给出了类似的建言，就连那些字眼都一样。全录公司的首席科学家约翰·西里.布朗提到，将跨越21世纪的人类，首先要学会如何去学习，并且学会如何去喜爱学习新事物。曾经有这样一个寓言故事，也说明了这样一个道理：

一天晚上，夜深人静时，一只老鼠趁着某家人已经睡下，带着自己的几只小老鼠出来觅食了，它发现这家人的厨房内有很多剩饭剩菜，老鼠们高兴极了，因为它们终于可以美美地吃上一顿了。

正当老鼠们想享用眼前的“美食”时，突然传来了一阵令它们吓破胆的声音，它们震惊之余，更各自四处逃命，但它们哪里是大花猫的对手，终于，有两只小老鼠被大花猫逮住了，小老鼠惊慌地看着大花猫，因为它马上就要死了，但就在此时，突然传来一连串凶恶的狗吠声，大花猫吓得立即放手了爪子下的小老鼠，狼狈逃命。

大花猫走后，大老鼠缓缓地从厨房垃圾桶后面走出来，然后对着小老鼠们说：“我早就对你们说，多学一种语言有利无害，这次我就因而救了你们一命。”

这个故事提示我们：“多一门技艺，多一条路。”不断学习实在是成功人士的终身承诺。

奥马尔·纳尔逊·布莱德利将军就十分注重文化素养的培养。他认为：“有知识素养，善于思考和处事灵活的士兵，才是最有价值的士兵。”并且他还曾这样说过：“在西点任教，不仅使我的洞察力更为敏锐，也大大开阔了我的视野和心胸，令我变得成熟。那些年，我开始认真读书，研究军事历史和人物传记，从前人的错误中学到了很多东西。”

被称为“台湾芯片之父”的张仲谋曾说：“当我回顾这几十年的工作生涯，我发现只有在工作前5年，用得到过去在大学、研究院所学的20%～30%的知识，之后的工作生涯，直接用到的部分几乎等于零。”

苏格拉底曾说：“世上只有一样东西是珍宝，那就是知识；世上只有一样东西是罪恶，那就是无知。”由此可见，终生学习，不断获得新知的重要性和必要性。“我们今天知道的东西到明天就会过时。如果我们停止学习，就会停滞不前。”多萝茜·比琳顿的这句话，再一次强调了终生学习与自我进步相辅相成的关系。

的确，知识就是力量，也是使人的精神变得勇敢的最好途径。对此，你可以做到以下几点。

1.多考虑自己的现在和未来，认识到学习的重要性

实际上，我们都知道学习的重要性，但这些往往是泛泛之谈，并不能起到任何实质性的作用。而一旦将这一想法与自身情况相结合，比如，根据自己的兴趣树立人生目标和理想，这一想法就具备了可实施性。

2.树立不断学习的理念

学海无涯，知识是没有尽头的，而同时，现今社会知识更新速度之快更要求你具备不断学习的理念和行动。

3.付诸行动，坚持每天学习

任何知识的学习都需要持之以恒地坚持才能收到效果，也只有这样，才能不断拓展自己在该领域的认知度和专业度。

总之，“逆水行舟，不进则退”，没有哪个人可以永远独占鳌头，在瞬息万变的世界里，唯有虚心学习的人才能够掌握未来，才能获得自己想要的成功。当然，话虽简单，做起来却不容易，终生学习就是要随时保持高涨的求知的热情，以谦虚的心态观察周围的事物和人，见贤思齐，学习他人的优点，掌握更精深的专业技能。如果你认为自己已经学会了一切，并不准备继续学习了，那么在你做出这个决定的那一刻就是你的竞争对手开始超越你的时刻。只有准备用一生去学习并付诸行动的人才会获得更长久的发展！

有什么比找借口更容易的呢

人生在世，每个人都必须具备责任感，这不仅是对他人负责，也是对自己负责。而借口与托词，则是责任的天敌。然而，在我们的生活中，总是在为自己的行为找借口的人到处都是。这就是不负责任的表现。当他们没有做、没有尽力或者行为有失误时，他们总是能找出各种各样的借口：

“因为我资金不足，所以没办法开始。”

“这段时间太忙了，这么多工作交给我一个人，我不可能完成。”

“我不是这个专业的，所以没有完成任务。”

“如果其他人更好地配合我的话，我想我会做会完成的。”

……

无所不在的借口，像空气一样弥漫在我们周围。借口变成了他们的一面挡箭牌，事情一旦没完成，就能找出一些冠冕堂皇的借口，以换得他人的理解和原谅。找到借口的好处是能把自己的懒惰掩盖掉，心理上得到暂时的平衡。但长此以往，因为有各种各样的借口可找，人就会疏于努力，不再想方设法地争取成功，而把大量的时间和精力放在如何寻找一个合适的借口上。

同样地，作为年轻人，如果你想要更出色，就不要总是为自己的行为找借口，相反，你应该勇于承担责任，因为责任是你走向成功的起点，责任是超越自我的必要条件，责任往往能成就一个人的成功。无论做什么事情，只要认真地、勇敢地担起责任，你就能得到别人的尊重。

有一个小姑娘到东京帝国酒店做服务员，这是她进入社会的第一份工作。但是，让她万万没有想到的是，上司会安排她去洗厕所。而且，上司对她的工作要求很高：必须把马桶抹洗得光洁如新！

怎么办呢？是接受这份工作，还是另谋职业？小姑娘陷入了矛盾之中，这时，一位曾洗厕所的先辈不声不响为她做了示范，当他把马桶洗得光洁如新的时候，他竟然从中舀了一勺喝了下去。看到对方的工作态度，小姑娘明白了什么是工作，什么是责任。

于是，她漂亮地迈出了职业生涯的第一步，同时，也踏上了成功之路。后来，她所清洗的厕所，从来都是光洁如新，而且，她也不止一次喝过马桶里的水。几十年过去了，她现在已经是日本政府的邮政大臣，她就是野田圣子。

在生活中，怕承担责任的人屡见不鲜，但是，如此逃避责任却是一件不光彩的事情。那些不敢于承担责任的人，他们往往打着这样的借口："这不是我的错""我不是故意的""本来不会这样的，都怪别人""这不是我做的事情"，等等。其实，这些都是他们逃避责任的借口，全盘否定自己的过失，推卸责任。

只是，当他们成功地推卸责任的同时，他们也失去了做事的应有魄力。因为，一个敢于承担责任的人，他总是充满着魄力，浑身洋溢着无尽的神采。

张伟是某机械厂的老员工了，一直以来，为人处世都还不错，也深受同事和领导的信任，但最近这次，他的情绪却失控了，最终因为与领导产生了矛盾而离开了工厂。

其实，对这一点，同事和领导都没觉得意外，因为张伟对待工作实在太马虎了事了，无论做什么事，都是一拖再拖，经常还会耽误其他人的工作。其实，原来的张伟并不是这样的，他的改变是从一次意外事故后开始的。那天，张伟上夜班，可能是因为太困了，一不小心，他从架子上摔了下来，幸亏架子不高，腿只是有点轻微的骨折，到现在，张伟走路也看不出来异样。

然而，从那以后，领导安排张伟什么事情，他都借口自己的腿不方便，毕竟是因为工作出的意外，领导也不好说什么。

然而，时间久了，领导也对他有意见了。一天，他还是和往常一样，比正常上班时间晚了半个小时来到单位，到了以后，他却接到一个电话，主任安排他随兄弟部门的车下乡去一趟。于是，原本准备上楼的他就在单位门口等车。可是，一个多小时过去了，却没见到车的影子。于是，他就给主任打电话。谁知道，下乡的车已经早开走了。他立即打电话给主任说明情况。对此，主任说："那你为什么迟到呢？"

张伟赶紧来到主任办公室，想当面向他解释清楚。主任却说："今天，你必须得去。要不然就自己坐公共汽车去。"说完，又忙自己的了。张伟的怒火"腾"的一下窜得更高了。这明摆着就是在惩罚自己，而自己错在哪儿了？"我不去。"他冷冷地说。"嘭"，主任猛地一拳捶在桌上，咬牙切齿地说："今天你去也得去，不去也得去。"张伟气急了，也砸了一下桌子。

这一瞬间，主任吃惊地望着张伟，这时，主任办公室外也已经挤满了来看热闹的人。

从那件事以后，好像主任有意冷落张伟，他把办公室能处理的事情都交给别人做，这让张伟寝食难安，最后，张伟还是决定辞职，因为这家公司他确实待不下去了。

这则职场故事中，职员张伟总是拿曾经因工受伤这一借口拖延工作，因为拖延，他也与领导产生了纠葛，最终只得辞职离开。

在生活中，每个人都扮演着不同的角色，而每种角色又承担着不同的责任，我们最大的成功就是完成自己的责任。因为内心的责任感，会让我们在困难时咬牙坚持下去，在成功时保持清醒的头脑，在绝望时坚决不放弃。承担责任，在某些时候，并不单单为了自己，也是为了别人。

在生活中，有许多习惯寻找各种理由为自己没有完成的事情而推卸责任，他们将本该自己承担的责任转嫁给他人。试想，一个逃避困难、不敢承担责任的人，他势必缺乏做事的能力和魄力，没有人会相信他能做好事情。在做事的过程中，放弃责任就等于放弃了成功的机会，因为强烈的责任感能激发一个人的潜能。我们经常可以看见这样一些人，他们缺乏最基本的责任感，当有人强迫他们工作的时候，他们才勉强应付工作，这样，他们又怎么会发挥出自己的潜能，怎么会有自己的魄力呢？

第8章

无压力不青春，激发自身潜能

现代社会生活中，我们每个人都承受着来自各方面的压力，尤其是年轻人，他们常抱怨压力太大，压得自己喘不过气来。其实，有压力，才有动力，压力带给我们的不仅仅是痛苦和沉重，还能激发我们的潜能和内在激情，让我们的潜能得以开发。因此，生活中的人们，从现在起，抛却那些无谓的抱怨吧，努力提高自己，战胜困难，才能收获成功的果实。

端正心态，压力其实也是动力

年轻人，可能现在的你每天为生活奔波，生活、工作压得你喘不过气来，你开始抱怨生活、抱怨上司，抱怨家人，你觉得压力很大，但其实你没意识到的是，无青春不压力，有压力，才有动力，压力带给我们的不仅仅是痛苦和沉重，还能激发我们的潜能和内在激情，让我们的潜能得以开发。压力带给人的，不仅仅是痛苦，更多的则是一种对生命潜能的激发，能催人更加奋进，最终创造出生命的奇迹。

很久以前，有个农夫牵着驴子往家走。因为天色太晚了，驴子居然一不小心，掉入一口干枯废弃的井中。为了救出驴子，农夫一个人竭尽全力、想方设法，花费了好几个小时候的时间，却毫无成效。看着驴子在枯井中痛苦地嘶鸣，时间又已经到了深夜了，农夫只好选择放弃。他安慰自己：算了，反正这头驴子已经很老了，也没什么力气了。等到明天白天，我来把它掩埋掉，也就算是对它仁至义尽了。

次日，农夫特意从左邻右舍喊来好几个帮手，和他一起拿着工具去枯井掩埋驴子。看到人们并没有打算对自己施以援手，而是开始把泥土以及垃圾等杂物扔到井里，试图掩埋自己，因此驴子绝望地嘶鸣着。然而，没过多久，这头驴子突然停止嘶鸣，农夫好奇地探头看向井底，这才发现，驴子不停地抖落掉人们扔到它背上的泥土，而且非常灵活地站到泥土上面。就这样，驴子不停地努力着，最终居然踩着那些人们扔到井底的杂物和泥土，并渐渐接近井口，最终成功脱险。

不得不说，这是一头顽强的驴子，是真正的驴坚强。面对生命即将结束的困境，驴子先是绝望地哀鸣，可以肯定的是，它从未放弃生的希望。所以，它才能在短暂哭泣之后，突然想到逃生的好办法，就这样把原本会结束它生命的一切，变成新的生机。

从驴子的故事中我们不难得出一个结论，任何事情都有其两面性。很多时候，压力并非是绝对的压力，而是可以在特定条件下可以与动力相互转换的矛盾。当然，把压力转化为动力是需要条件的，那就是我们拥有顽强的心态，从而能够承受压力。反之，倘若我们在压力之下不堪重负，甚至因为压力导致自己崩溃掉，那么当然也就失去了转化压力为动力的机会和条件。这样一来，压力就会成为彻头彻尾的压力，只会给我们的人生带来负面影响，而对我们的人生没有任何积极的作用。看到这里，聪明的朋友们一定知道，我们必须端正心态，充实自我，才能正确引导各种压力成功转化为动力，从而不断前进和进取。

的确，面对重压，如果我们紧盯着压力，不为自己的心理减负的话，我们的眼里就会充满苦难，就会发现脚下的路有沟有坎，一点都不平坦，于是就举步不前，停留在那块平地上，结果自然是一事无成。而相反，如果我们能换个角度看待现状，无论遇到什么样的压力和困难，都始终向前看，你看到的就是一条路，顺着路走下去，你就会发现路越来越宽，景色越来越美。

陈兰硕士毕业后留在了一所名牌大学任教，工作得心应手，很受学生们的欢迎。在三年教学过程中，陈兰已经在国家级刊物上发表了十余篇论文，还出版了一部专著。很快，学校破格提拔陈兰为副教授，任命其为教研室主任。对此，身边的家人朋友都为她感到高兴，大家都认为，只要陈兰能够继续走下去，成为教授、博士生导师只不过是时间问题而已。可是，就在陈兰事业如日中天的时候，她却做出了令大家跌破眼镜的事情，陈兰毅然辞去了前途光明的大学教师，应聘到美国一家著名公司做一名普通的员工。

父母感到十分惋惜，忍不住问女儿："你以前的工作不是挺好的吗？别人都是可望而不可即，你为什么选择舍弃呢？"陈兰却说："这么多年来，我最大的收获并不是金钱和名誉，而是努力挑战自己的乐趣，丰富自己的阅历，如果我继续在这个岗位上工作，我会感觉到苦闷。一直以来，我很看重自己内心到底想要什么，所以，我鼓起了勇气去放下，这样，我才能感受最甜的快乐。"

或许，在别人看来，陈兰的跳跃并不像大家心目中完美的一跃，甚至，这样一跃存在着一定的风险，但是，陈兰自己并不在乎世俗的衡量标准，她清楚地知道自己内心到底更想要什么，所以，她鼓起了勇气选择了舍弃，自然，在陈兰的生活中，她感受到了一份简单的快乐。

现实生活中，人们也常说，“井无压力不出油，人无压力轻飘飘”。这句话也在告诉我们，一个人要想有所成就，必须承受压力，拥有动力。尤其是对于那些光鲜亮丽的成功者而言，我们作为旁观者也许只看到他们成功的一面，作为当事者，他们却更清楚自己走过了怎样艰难坎坷的过程，最终才把压力转化为动力。

当然，需要注意的是，为了与压力更好地和平共处，我们除了要给自己增加压力，从而让自己动力十足之外，在适当的时候，我们还需要学会减压。所谓凡事皆有度，过犹不及，压力也是如此。过大的压力如果彻底把人压垮，那么人们也就失去了把压力转化为动力的机会。只有把握好压力的度，能够让压力与动力之间相互转化，我们的人生才能更加积极主动，实现创造和创新。所以朋友们，让我们正确对待人生的压力吧，只有我们坦然应对压力，我们才能拥有更多的动力，也才能真正成为人生的主宰，顶着压力奋力前行。

无法经受压力的考验，就享受不到成功的喜悦

生活中，我们每个人，从呱呱坠地开始，在不断成长的过程中，我们遭受的压力也越来越大，而假如我们抗拒压力的话，那么最终我们必然因为人生缺乏历练，导致在未来的人生中会吃足苦头。所以，我们需要记住的是，在如今竞争激烈的现代社会，面对压力，我们无论如何也不要为自己找懈怠的理由，而应该勤奋努力，朝更高的目标奋进。

有位名不见经传的年轻人，第一次参加马拉松比赛就获得了冠军，而且还打破了世界纪录。

当他冲过终点时，记者蜂拥而上，不断地追问："你这么会取得这么好的成绩？"

年轻人气喘吁吁地回答："因为我的身后有一匹狼。"

所有的人听后都惊恐地回头张望，但并没看到他身后有什么可怕的东西。

这时他继续说："三年前，我在一座山林间训练长跑，每天凌晨教练喊我起床练习，即使我用尽全力，也总是没有进步。有一天清晨，在训练途中，我忽然听到身后传来狼的叫声，刚开始声音很遥远，可是没几秒钟就已经来到我的身后。当时我吓得不敢回头，只知道拼命奔跑逃命。于是，那天我的速度居然是最快的。"

年轻人顿了顿，又说："回来后教练跟我说：'原来不是

你不行，而是你身后少了一匹狼！’我这才知道，原来根本没有狼，是教练伪装出来的。从那以后，只要训练时，我就想着自己身后有一匹狼正在追赶，包括今天的比赛，那匹狼仍然在追赶着我，我必须战胜它！”

我们每个人都和这位年轻人一样，有着自己的人生目标。可是，我们的身后有“狼”吗？这只狼实际上就是压力。如果在人生路上毫无压力、过于安逸，那么，我们注定平淡、碌碌无为，如果有只“狼”在我们身后追赶着我们前进，我们势必会攀上人生的高峰。

曾经有心理学家经过研究发现，那些在童年时期有过吃苦经历的人，他们在长大后会更懂得珍惜生活，能更好地经营自己的人生，相反，那些在童年时期一帆风顺、且没有吃过苦的人，他们根本不懂人生疾苦，最终他们对于生活的理解非常浅薄，对待生活的态度也肤浅虚荣。最终，他们就会失去在人生中的优势，反而在长大成人之后变得默默无闻，甚至活得不如那些普通的孩子好，可见压力对于人生的重要性。

每个年轻人都不应该拒绝压力、拒绝吃苦，就像温室里的花朵没有经过风吹雨打，就无法茁壮成长一样，年轻人在该吃苦的年纪没有吃苦，那么吃苦的日子早晚有一天会到来的。尤其是现代社会，各种压力接踵而至，压得人甚至喘不过来气。在这种情况下，我们更需要拥有坚强不屈的内心，拥有健康的心态，才能成功度过人生中各种艰难的时刻，最终赢得人生的收获。朋友们，记住，不管对于我们自身而言，还是对于我们的下一代而言，我们都要坚持“吃苦趁早，成名不急”的原则。

我们每个人在人生路上都要把眼光放得长远一些，这样我们才能真正把握人生的真谛，从而使我们的人生按照我们设想的那样，不断向前发展，最终获得成功。

生活中，不乏有些年轻人抱怨命运不公，他们觉得命运在特别捉弄他们，让他们承受别人未曾承受的痛苦。实际上，命运并非不公平，这个世界上也没有任何痛苦是特意为哪个人准备的。在地球村，每个人都在享受命运平等的对待，你所受的苦即便你身边没有人受过，在这个世界上的某个角落，也一定有人和你感同身受。所以，年轻的朋友们，我们必须坚强，唯有如此，我们才能熬过人生中最难熬的阶段，从而实现人生的超越。

曾听过这样一个小故事，同事甲因为上司不器重他，不给他重要的机会，觉得非常屈才，决定辞职。同事乙问他：“难道你就这样走吗？你不觉得应该报复他吗？”“怎么报复？”“对于这样的公司，不用客气，你只要待在原岗位上，学习他们的经验，一旦时机成熟，你就可以自己开公司挤垮他，这才是最大的报复；或者努力做好一切，窃取他们的经验，然后再跳槽，到别的公司大展身手，让老板后悔莫及。”同事甲觉得这个主意还不错，于是开始留在这个岗位上，一方面兢兢业业地做事，一方面仔细观察公司的运作，努力进取，把所有自己不懂得的东西都学到了手，两年过去了，同事乙又遇到了同事甲，就问：“你还没有跳槽啊？”同事甲告诉他：“是啊，多谢你当初劝阻我，现在老总觉得我能力很好，两年内我已经涨了三次工资了，老板还打算把一个新的项目交给我负责。”其实乙当初的目的就是如此。

一个人，常常高估了他短期内所能做的事情，却低估了他长期内所能创造的辉煌。人在一年当中可能不会有太大的变化，但只要能够坚持不懈的努力，每一天都在改变和进步，持续稳定的储蓄每一天的成长，长期坚持下来，他就有可能创造出自己连想都不敢想的成就。

因此，年轻人，我们与其去抱怨，不如努力提高自己，为自己在未来的竞争中处于优势而提前练好功力，这才是正道。功力都不想练，却想能够成为赢家，天下有这么好的美事吗？

其实，每个人的成就都是一步一步积累的结果，在这个过程中如果能够实现每天成长一步，那么最终你就会成功。年轻人在工作中也不要每天寄希望于做出多么大的成就，出多少成绩，而要看自己在这个工作岗位上是否每天都有成长，每天都在进步，每天都能够学一些新东西，增加一些新的经验，如果我们真的能够做到这些，即使我们没有成绩，那也算成功了。

轻松解压，轻装上阵

前面我们提及，人生在世，有压力就有动力，年轻人更是要负重前行，都要承受压力，话虽如此，但一旦压力超过了我们的承受能力范围，就会压垮我们。正是因为如此，越来越多的年轻人开始寻找解决方法，让心在失衡的现代社会中找到属于自己的天堂与乐园。

事实上，懂得控制和利用压力的人，是生活中的强者，即使你做不到这点，能让自己学会释放压力，让生活变得轻松、恬静，你也是一个善待自己的人。压力与心态也是紧密相连的，把握好自己的心态，管理好自己的情绪。让压力减少到最低限度，适当的释放，会是一种很不错的方法。

就像大多数女孩子一样，玲玲读完了中学，读大学，毕业后参加工作，每天忙忙碌碌的生活让她过得非常充实。可是，突然有一天，她发现身边的女孩子不是在热恋中，就是已经身为人母了，而28岁的她依旧是一个人，顿时，她感觉压力倍增。更重要的是，父母每天唠叨，也让她很烦。原来总是能一觉到天亮的她开始失眠了。

不是玲玲没有人追，以前她总是觉得自己还小，不是谈婚论嫁的时候，所以从来没有认真去考虑过。即使父母多次要求她的时候，她也总是淡然地说一句“我知道”而敷衍过去。而今比她小好几岁的女孩子都结婚了，环视四周，只有自己是一个人的时候，她觉得是该考虑这个问题了。

可是，恋爱婚姻这种事情是需要一定缘分的。她也试着和身边的追求者接触，可是没有一个有那种特别喜欢的感觉。父母开始催促，朋友们也忙着介绍，可是见来见去，没有一个人能给她她所想要的那种生活，玲玲烦恼不已，婚姻成为她的一个大包袱，她的失眠情况也越来越严重。

转眼一年又过去了，29岁的高龄让玲玲有点不知所措。身边的亲戚朋友也会时不时的询问，每每提及这个话题，玲玲都感觉到痛苦不已。为此，她每天除了上下班之外，几乎很少外出，很少和朋友们聚会，连她最亲最爱的姥姥，她也很少去探望了。

但是，这并没有减轻玲玲的痛苦，她经常整夜睡不着，她反复思考自己为什么不能和别人一样组建家庭。而在家里，妈妈总是在不停的叨唠，还时不时地逼着她跟这个王大妈的儿子相亲，跟那个张阿姨的侄子见面。似乎她是卖不出去的蔬菜，再不出售就要过了保质期一样。为此，她跟妈妈发生了很多次争吵。

玲玲无助地质问自己："这到底是怎么了，难道长大有错吗？"现在的她痛苦不已，满脑子都是恋爱婚姻。下了班不敢回家，不敢见亲戚朋友，恨不得有个地洞钻进去。有时候，她想：要是死了多好，一了百了。

故事中的玲玲从刚开始的失眠到后来的出现轻生想法，

原因是大龄的她没找到适合的对象，倍感压力，同时，亲戚朋友的关怀在一定程度上增大了她的压力，再加上来自父母的催促，让她背负不住婚姻给予的压力。

能够控制压力，让压力给自己以积极的作用，你的人生才会大踏步地接近成熟。但生活中的很多人已经习惯了在可以选择前进时去选择无所作为，因为前方有太多的苦难要去面对。很多人在能够挑战自己、改变生活时选择了维持现状，因为现实的压力让他们觉得自己进退维谷。哲人说：“谁要是害怕走崎岖的山路，谁就只好永远留在山脚下。”谁要是不能在压力面前站直了，不趴下，谁也就永远只能在原地踏步，苦闷地思考自己为什么不能拥有收获的喜悦。

那么，有哪些解压的方式值得我们去尝试呢？

1.做自己喜欢的运动

每个人都有自己喜欢的运动，有的是篮球，有的是羽毛球，有的是跑步……当自己压力很大的时候，就可以抛下手头的事情，疯狂地玩一次自己喜欢的运动，让自己在运动中尽情地宣泄，让自己的汗水涌出，这样就会轻松很多。

2.跟朋友一起K歌

其实，唱歌也是一种很好的减压方式，但是需要注意的是，我们需要叫上那些玩得比较开的朋友，一群人在一起疯狂地唱和跳，这种感觉会很放松。当然，如果允许，可以喝一点点红酒，微醺的感觉更好。

3.骑行

一辆单车，一个旅行包，就能够进行一场短暂而又放松的旅行了。现在社交软件比较发达，在我们身边也有很多骑行组织，你可以选择一个合适的群体，然后一起去骑行。归来之后，洗个热水澡，好好地睡一觉，相信整个人会轻松很多。

4.玩玩游戏

当觉得自己内心压力较大的时候，可以来几把游戏，在游戏的世界里尽情地玩耍、驰骋，整个人的心情就会感觉轻松很多。不过凡事记得点到为止，不能过度沉迷其中。

如果你也把握不好自己的心境，或者你心乱如麻，暂时地忘却也是一种美丽的境界。现实人生中，当我们处于压力的困扰中时，找一个释放自己内心深层感触的港湾也是一种别致的情怀。暂时的忘却能让心得到抚慰和歇息。让心拥有这一刻的洒脱，释放心中的苦闷，得到暂时的宽慰，然后正视现实，面对生活。

压力大时，多反省自我

现代社会，随着生活节奏的加快，竞争的日趋激烈，经济压力逐渐增大，人们穿梭于闹市之间，面临生活中的许多危机，以至于无法平静自己的内心，甚至而有些人难以调适自己的内心而产生了一些心理问题，长此以往的消极应对及负性情绪会使个体出现诸如焦虑、抑郁、神经衰弱、轻度躁狂等心理疾患，不但影响自己的生活、工作，也会对家人造成不必要的“伤害”。

对此，你不妨静下心来反省一下你的生活方式，要知道，反省是减轻压力的一种方式，是给自己一个舒缓神经的机会，这样，我们才能收拾好心情继续上路。

曾经有个人，他总埋怨生活的压力太大，生活的担子太重，他试图放下担子。他觉得很累，压得他透不过气来。他听人说，哲人柏拉图可以帮助别人解决问题。于是，他便去请教柏拉图。柏拉图听完了他的故事，给了他一个空篓子，说：“背起这个篓子，朝山顶去。可你每走一步，必须捡起一块石头放进篓子里。等你到了山顶的时候，你自然会知道解救你自己的方法。去吧！去找寻你的答案吧……”于是，年轻人开始了他寻找答案的旅程！

刚上道，他精力充沛，一路上蹦蹦跳跳，把自己认为最好的、最美的石头，都一个一个扔进篓子里。每扔进一个，便觉得自己拥有了一件世上最美丽的东西，很充实、很快乐。于是，他在欢笑嬉戏中走完了旅程的1/3。可是，空篓子里的东西多了起来，也渐渐重了起来。他开始感到，篓子在肩上越来越沉。但他很执着，仍一如既往地前进。

而最后一段1/3的旅程确实是让他吃尽了苦头。他已经无暇顾及那些世界上最美丽、最惹人怜爱的东西了。为了不让沉重的篓子变得更重，他毅然舍弃了这些，只是挑选了些非常轻的、非常需要的或是必不可少的东西放进篓子。他深知，这样的舍弃是必要的。然而，无论他挑多轻的东西放入篓子，篓子的重量也丝毫不会减少，它只会加重，再加重，直到他无力承受。但最后，他还是背着篓子，艰难地踏上了这最后的1/3旅程。

我们可能都听过这样一句话：远路无轻物？当然，并不是每一个人都有挑担的经历，但是，如果自己将要负重前行，出发的时候往往很轻松，但越行越远的时候，自己就感到举步维艰，甚至，会不自觉地抱怨为什么会选了那么多的东西。但是，望着前方的路，依然不舍得放弃，只能挑着担子往前走。以至于我们达到了终点，再打开自己的担子，发现里面有很多东西都不是我们所需要的。或许，对每一个即将远行的人来说，能够收获一份简单的快乐才是最重要的吧。

当然，年轻人产生心理压力的原因很多，但无论是哪种，我们都要及时反省，别等无法挽回时才悔之晚矣。

自从大学毕业后，陈伟就非常努力。他找到一份自己喜欢的工作，每天早早地去单位，晚上下班之后，其他同事都走了，他也依然留在单位加班。然而，这种工作的状态很快就被破坏了，原来陈伟突然迷上了网络游戏。他不但下班的时候玩游戏，即便是在工作的间隙里，也总是偷偷摸摸地玩游戏。他甚至把每个月的大部分薪水都用来购买游戏装备，总而言之，他对游戏已经陷入痴迷中。有段时间，陈伟所在的公司安装了新的管理软件，管理者从管理软件上，就可以了解每个员工正在利用网络做什么事情。不过，大家都不知情，在连续三天都观察到陈伟沉迷于游戏之后，陈伟的上司提醒陈伟，不要在上班时间做与工作不相干的事情。陈伟以为上司只是普通的提醒，因而毫不收敛。

一个星期之后，陈伟收到了公司的辞退通知，他莫名其妙地失去了工作。为此，他办理离职手续前问上司自己被辞退的原因，上司向他展示了他接近半个月来的工作状态记录，陈伟哑口无言。的确，作为公司的员工，却利用工作时间玩游戏，这是任何一个老板都无法容忍的。陈伟失去了喜爱的工作，懊悔不已。他下定决心戒掉网瘾，从此之后再也不玩游戏，而是全心全意地投入工作。果不其然，他在新公司表现很好，很快就因为工作业绩好得到了提升。

在这个事例中，陈伟认识自己的过程是痛苦的，直到失去了心爱的工作，他才幡然醒悟。现代社会，各种各样的瘾很多，陈伟在陷入游戏瘾之中时，丝毫没有意识到自己已经玩物丧志。幸好，当一个公司的管理者及时为他敲响警钟，才使他及时意识到问题的严重性，从而积极改变自己的状态。

毋庸置疑，每个人都有各种各样的缺点，一个人从稚嫩到成熟，从有很多缺点，到渐渐变得完美，都要经历独特的过程。当然，自我成长说起来很容易，做起来却很很难。我们必须时刻保持自我反省的精神，更加深入地了解和剖析自己，才能不断成长。

不得不说，随着生活节奏的越来越快，竞争越来越激烈，人们的压力也越来越大，然而，假如不能很好地认识自己，知道自己真正追求的是什么，不知道人生的目标，就很容易迷失自己，为了避免上述种种情况的发生，我们每一个人都应该正确地认识自己，意识到每个人都有自己的长处和短处，都有自己拥有的而别人却没有的东西，都有属于自己的幸福。只有这样，才能以平静的心态坦然地面对生活。

顺其自然，何必给自己太大压力

作为年轻人，我们都知道，年轻就应该奋斗，就应该为未来拼搏，然而，这并不代表我们要故意给自己施压，太大的压力常常会令人陷入长期的焦虑和恐惧中，这样一种消极心理会加重人们的焦虑感和恐惧感，有严重者，还会导致身体出现疾病。

心理学家认为：适当的压力有助于我们激发更强的斗志，但是，任何事情都有一定的度，压力过大就会影响到正常的情绪。所以，在生活中，我们要给自己适当的压力，只要不是太糟糕的事情，我们应该学会忘记，这样一来，那些琐碎的小事就影响不到我们了。

其实，我们本就面临着来自各方面的巨大的压力，有可能是事业不顺而造成的工作压力，有可能是感情不顺而造成的感情压力，还有可能家庭不和谐而造成的家庭压力，对此，心理学家把这些压力都统称为“社会压力”。社会压力对于一个人来说，将直接转换成心理压力、思想负担，久而久之，就会成为心结。如果这种压力，长久以来得不到有效释放，就会越积越多，最终，它就像一座火山一样爆发出来，导致的结果是，人们的情绪大变，总感觉自己活得太累，每天都不开心，脾气越来越坏，甚至，有严重者精神崩溃，做出傻事。当然，对于外界的压力，我们需要调节，千万不要再给自己压力，这样只会是雪上加霜。所以，学会释怀，不要给自己太大的压力。

一位朋友学习弹琴，由于基本功不太扎实，他练起琴来很费力，尽管自己付出了许多辛勤的汗水，可是，就是不见效果。

但是，他心里又极度渴望自己在琴技方面能够有所突破，于是，他每天强迫自己练琴四小时。这样，时间长了，他变得时常焦虑，心理上把练琴当成了一种压力，他常常烦躁地问老师，“我是不是练不好了”“我还能行吗”“怎么这么练都不见效果，我干脆还是不练习了吧”“难道我就这么放弃了吗”。

老师听了，只是微微一笑：“你不要与自己较真，放松自己，释放心中的压力，卸下负担，这样，心情好了，琴艺自然会有所进步。”过了不久，朋友的琴艺真的进步了，而之前弥漫在脸上的阴霾已经消失得无影无踪。

其实，对于这位朋友来说，外界并不存在太大的压力，反而是他自己给自己太大的压力。自然而然地，他将练琴当成了一种负担，因为负担，他就可能生活在压力、痛苦、烦躁和苦闷中，无法真正体会到练琴的快乐。

代维是一位年轻的汽车销售经理，他对前途充满了无限希望。但是，由于代维本身是对自己要求很高的人，无形的巨大压力使他感到异常绝望，他觉得自己就快要死了。甚至，他开始为自己挑选墓地，为自己的葬礼做好了一切准备工作。其实，代维的身体只是出了一点小问题，有时候会呼吸急促，心跳很快，喉咙梗塞，医生规劝：“你只需要坦然处理生活，退出自己热爱的汽车销售行业就行了。”

在医院，医生给代维做了全面检查，医生告诉代维：“你的症结是吸进了过多的氧气。”代维先是一愣，然后大笑了起来：“那真是太愚蠢了，我怎样对付这种情况呢？”医生说：“当你感觉呼吸困难、心跳加速的时候，你可以向一个袋子呼气，或者暂时屏住气息。”医生递给代维一个纸袋，代维照办了，结果，他发现自己的心跳和呼吸都变得很正常，喉咙也不再梗塞了。当离开诊所的时候，他已经变得容光焕发，原来这一切的症结都是因为内心的焦虑和恐惧，而这些情绪反应完全是因为他给自己压力太大的结果。

生活中，无论是生存压力，还是工作压力，对一个人的心态都是有着重要影响的，一旦压力来袭，情绪就会恶劣，容易生气、烦躁，似乎看什么事情都不顺眼，内心的情绪积压过久，总想痛快地发泄一番。因此，那些给自己压力越多的人，体会到的快乐越少。

为此，我们要记住两点：

1.学会释放压力

有的人总是喜欢把别人的压力放在自己身上，事事较真，比如，看到同事晋升了，朋友发财了，自己总会愤愤不平：为什么会这样呢？为什么就不是自己呢？其实，任何事情，只要自己尽了力就行了，任何东西都是着急不来的，与其让自己无谓地烦恼，不如以积极心态来面对，努力调整情绪，释放内心的压力，让自己的生活更加丰富多彩。

2.不要给自己太大的压力

一位公司白领这样说：“最近工作压力大，感觉自己越来越不快乐，脾气越来越大，老想发火，尤其是每天回家坐地铁，十分拥挤，每次都会与站在身边的人发生冲突，我也不想这样，但是，我就是快乐不起来。”虽然，工作压力很大，但是，我们还是有选择，因为在更多的时候，真正的压力是我们自己给的。而压力就像是一个刽子手，它扼杀了一切快乐的因子。

一个人若是背着负担走路，那么，再平坦的路也会让他感到身心疲惫，最终，他会因为不堪生活的压力而走向不归路。对于生活中的某些事情，不要给自己太大的压力，如果内心积累了很多的压力，那就需要学会释放出来，因为很多时候，压力是自己给自己的。

第9章

既已告别安逸，何惧一路风雨

生活中，任何一个年轻人，自打你决定离开父母的羽翼，决定走出自己的人生路，你就要独自承担挫折、困境乃至磨难，一些年轻人可能会出现畏难情绪，总是感到难以忍受，也根本无法继续容忍困难的存在。要知道，人生的成长恰恰是在苦难之中，我们唯有更好地面对苦难，发自内心地接纳苦难，才能更让苦难成为生命的养料，让我们的人生在苦难之中实现质的飞越。

迎难而上，人生何惧风雨

提起困难，我们会想起很多词语，诸如“迎难而上”“知难而退”等。毫无疑问，迎难而上是人们更为提倡的一种对待困难的态度，因为只有迎难而上，我们才有可能战胜困难。的确，古往今来那些成大事者都曾身处逆境，历经无数磨难。逆境出人才，经过挫折锤炼，在逆境中成长起来的人具有更强的生命力和竞争力，他们拥有成功和失败的经验，处事更加成熟。在他们眼里，失败是一种财富。他们笑对失败，迎难而上。所以说，你的不顺，正是上苍赐给你历练的时机，接受了上苍安排的逆境，勇于和它抗衡，才能得到后期的发展。

有一天，狮子来到佛祖面前，对佛祖说：“很感激你能赐予我力量，让我成为这森林中的百兽之王，不过最近有件事困扰了我很久，森林里的大公鸡太讨厌了，每天早上都要将我吵醒，有没有什么办法能解决这一问题呢？”

佛祖笑道：“这个问题我还不知道，不过你可以去问问老虎。”

狮子听了，赶紧上山去找老虎了，而此时它看到老虎正在洞中急得跳脚，痛苦难耐。

狮子问：“你怎么了，为什么这么生气啊？”

老虎吼叫道：“还不是该死的蚊子，钻进我的耳朵里，难受死我了。”

狮子听了什么都没说，然后掉头走了，它心想：“再强大的人都会遭遇到困难和逆境，看来雄鸡早叫，也是在提醒我早起，这也不算是坏事啊。”

是啊，就像狮子一样，人们总是希望自己一帆风顺，没有磕磕碰碰，生活顺风顺水，可是可能吗？即便是你排斥逆境，那么它就不存在吗？逆境真的是没有一点好处吗？其实并不是这样，逆境是证明自己的最好方式，人们只有在逆境中才能更深刻地激发出自己体内的潜能，才能更加清醒地看清楚自己有多出色。逆境可以说是成功道路上必不可少的修行。

古人云，宝剑锋从磨砺出，梅花香自苦寒来。还有一首歌唱道，不经历风雨，怎能见彩虹。天上从来不会掉馅饼，机会只留给那些有准备的人，既然如此，我们还抱怨什么呢？不管做什么事情，我们无一例外地都会遇到困难，要想战胜困难，重要的不是我们遇到的是怎样的困难，而是我们采取怎样的态度面对困难。把困难踩在脚下，使其成为我们不断进步的阶梯，这才是聪明人的做法。把困难踩在脚下，你才能站得更高，看得更远。生命就像是化蛹成蝶的蚕茧，只有经历一次次蜕变，才能增加生命的厚度，最终完成华丽的转身。假如人生没有困难，未免显得过于甜蜜和寡淡。正是在一次次的挑战与超越之中，我们的能力不断得到提高，我们的心智越来越成熟，我们的人生越来越开阔、丰满。所以，让我们拥抱困难吧，只有这样，我们才能拥有精彩的人生旅程！

面对困难，最重要的就是临危不惧，坚定不移，永不放弃。只要我们调整好自己的心态，以沉着、冷静的态度处理困难，我们就能够从困难中发现有利于我们的一面，从而真正地解决问题。总而言之，一切都取决于我们自己。人生的路很漫长，要想拥有精彩的人生，我们就要做好面对困难的准备，坚决地把困难踩在我们的脚下。

绝不轻言放弃，身体和灵魂一定要在路上前行

生活中，不少年轻人羡慕他人的成功，很为自己的一无是处而感到悲哀。殊不知，他们原本也可以无限接近成功，甚至真正获得成功，而就因为放弃，使他们通往成功的道路戛然而止。哪个人的成功是一蹴而就的呢？几乎没有任何人的成功是从天而降的，在通往成功的道路上，必然会有很多坎坷和挫折。如果轻而易举就放弃，就会中断成功之路，彻底与成功绝缘。从这个角度来说，说轻易放弃是一切失败的根源毫不为过。

可见，成功的秘诀在于执着，成功偏爱执着的追求者。世界上许多名人的成功都来自于克服千辛万苦，持之以恒的努

力，只有这样，你才会渐渐接近辉煌。稍有困难便更改航向或经不起外界的诱惑，恐怕会永远远离成功。只要坚持下去，相信柳暗花明的日子终有一日会到来。

1832年，毕业于哈佛大学的林肯失业了，这显然使他很伤心，但他下定决心要当政治家，当州议员。糟糕的是，他竞选失败了。在一年里遭受两次打击，这对他来说无疑是痛苦的。接着，林肯着手自己开办企业，可一年不到，这家企业又倒闭了。在以后的17年间，他不得不为偿还企业倒闭时所欠的债务而到处奔波，历经磨难。

随后，林肯再一次决定参加竞选州议员，这次他成功了。他内心萌发了一丝希望。认为自己的生活有了转机："可能我可以成功了！"

1835年，林肯订婚了。但离结婚的日子还差几个月的时候，未婚妻不幸去世。这对他精神上的打击实在太大了，他心力交瘁，数月卧床不起。1836年，他得了神精衰弱症。

1838年，林肯觉得身体良好，于是决定竞选州议会议长，可他失败了。1843年，他又参加竞选美国国会议员，但这次仍然没有成功。林肯虽然一次次地尝试，但却是一次次地遭受失败：企业倒闭，情人去世，竞选败北。要是你碰到这一切，你会不会放弃？放弃这些对你来说是重要的事情？

林肯没有放弃，他也没有说："要是失败会怎样？"1846年，他又一次参加竞选国会议员，最后终于当选了。两年任期很快过去了，他决定要争取连任。他认为自己作为国会议员表现是出色的，相信选民会继续选举他。但结果很遗憾，他落选了。因为这次竞选他赔了一大笔钱，林肯申请当本州的土地官员。但州政府把他的申请退了回来，上面指出：“做本州的土地官员要求有卓越的才能和超常的智力，你的申请未能满足这些要求。”

接连又是两次失败。在这种情况下你会坚持继续努力吗？你会不会说“我失败了”？然而，林肯没有服输。1854年，他竞选参议员，但失败了；两年后他竞选美国副总统提名，结果被对手击败；又过了两年，他再一次竞选参议员，还是失败了。

但林肯一直没有放弃自己的追求，他一直在做自己生活的主宰。1860年，他当选为美国总统。

亚伯拉罕·林肯在竞选参议员失败后曾说过这样一句话：“此路艰辛而泥泞。我一只脚滑了一下，另一只脚也因而站不稳；但我缓口气，告诉自己‘这不过是滑一跤，并不是死去而爬不起来。’”确实，一次失败并不会让你一无所有，相反，因为内心的忍耐力，会让你得到了宝贵的经验去开始下一次尝试。

不坚持，再好的计划也变不成实际效果；不坚持，再好的方案也没办法让你胜出；不坚持，再好的选择也走不出光明；不坚持，再好的工作也创造不出未来。现在，你还想放弃吗？

你还想半途而废吗？朋友们，不要轻言放弃，身体和灵魂一定要在路上前行。

大学毕业后，周成的求职战役正式打响了，他向大部分知名企业投递了大概20多份简历。那真是一段不堪回首的岁月，他天天跑招聘会，但自己的努力却看不见任何回应，那些投递出去的简历石沉大海杳无音讯。好不容易有一家公司通知面试，但在找工作的路途上依然是曲折坎坷。

周成在笔试上失意过，在群面时因插不上话而被刷掉，和许多求职的年轻人一样，他曾经历过低谷期，但他始终努力着。遇见太多糟糕的事情，他反而觉得一切都会慢慢好起来；情绪太过糟糕，他反而知道应该如何来梳理情绪；了解了自己的缺点之后，他反而知道什么工作才是最适合自己的。在每一次求职失败后，周成都会反思自己的缺陷和不足，总结失败的经验，从来没有放弃过努力。

周成说："天赋决定了一个人的上限，努力则决定了一个人的下限。"许多年轻人根本没有努力到可以拼搏天赋，就已经放弃了，周成深知自己没有一步登天的天赋，所以只能用努力的时间来换取天分。

当然，最后周成如愿找到了一份好工作，但这与他平时的努力是分不开的。

成功恰巧就是运气撞到了努力而已，努力永远不会有错，即便现在无法感受到努力的回报，但未来的一天你总会有用。

选择自己喜欢的事情，然后努力到坚持不下去为止，相信梦想，更要相信努力，因为遗憾比失败更可怕。当你在追逐梦想的时候，这个世界总会制造许多挫折与困难来阻挡你，残酷的现实会捆住你的手脚，但其实这些都不重要，重要的是你是否有努力到底的决心。

不过需要注意的是，这里所说的是轻易放弃，而非放弃。人生，总是有舍也有得的。很多情况下，放弃也是一种得到，是一种对自我的解脱。因而，我们说不要轻易放弃，并非让大家在任何情况下都绝不放弃。事情的发展总是千变万化的，我们应该从自身的情况出发，根据事情的现实状况，及时调整战略，做出对策，这样才能顺应形势，做出最好的选择，以期得到最佳的结果。

每一次波折，都是让你快速成长的机会

人生在世，我们谁都希望一帆风顺，然而，这也只是我们美好的祝愿，事实上，遭遇挫折与困难，是任何一个初入社会的年轻人无法规避的问题，而如何看待和应对挫折，也决定了年轻人能否从挫折中获得成长，事实上，我也可以看出来，古往今来那些成大事者都曾身处逆境，历经无数磨难。逆境出人才，经过挫折锤炼，在逆境中成长起来的人具有更强的生命

力和竞争力，他们拥有成功和失败的经验，处事更加成熟。在他们眼里，失败是一种财富。他们笑对失败，迎难而上。所以说，每个年轻人都要记住，每一次挫折，都是让你快速成长的机会，接受了上苍安排的逆境，勇于和它抗衡，才能得到后期的发展。

美国电影巨星史泰龙十几年前异常落魄，身上只剩下了100美元，连房子也租不起，只能睡在金龟车里，但他立志要当演员，并非常自信地到纽约的电影公司应聘。

当时纽约有500家电影公司，都因其外貌平平及咬字不清而拒绝了他。随后，他又写了“洛基”的剧本，并拿着剧本四处推销，继续接受别人对他的嘲笑和奚落，他一共被拒绝了1855次。

终于有一天，他遇到一个肯拍“洛基”剧本的电影公司老板，但又遭到对方不准他在电影中演出的要求。最后，在史泰龙的一再坚持下，对方才答应他可以在电影中出现。

是啊，在这个世界上，谁能拍着胸脯说自己的人生是一帆风顺的呢？每个人在一生之中都必然会遇到坎坷和挫折。之所以有人成功，有人失败，只是因为有人从挫折和坎坷中获得成长，有人则在失败的沮丧中一蹶不振。实际上，只要我们摆正心态，不把挫折和磨难看成是命运之外的负担，而将其视为生命中理所当然应该面对的，那么我们就会从心底里接纳挫折和磨难，使其成为我们生命中不可或缺的一部分。从而，我们也不会再抵触挫折，而是积极地面对挫折，战胜磨难。

在遭遇挫折时，人们难免会产生畏难心理，甚至想到要放弃，这些都是人之常情，无可厚非。为了坚定意志，我们不妨使用暗示法，以此鼓励和激励自己。例如，当你觉得自己无法继续承受下去时，不如告诉自己：我可以，我能行，我必须行！只要再坚持下去，我就一定能摆脱困厄，最终迎来光明。类似这样的话，虽然看起来有点形式主义，但却效果显著，能够给予自己莫大的勇气。对于勇者而言，绝境代表着绝处逢生，我们每个人都要成为命运的强者。

作为美国前总统，罗斯福的一生并不顺利，甚至可以说遍布坎坷。罗斯福出身政治世家，他的前途原本应该一片光明。事实也的确如此，早在二十八岁那年，罗斯福就去担任美国海军部助理部长。等到三十六岁时，年纪轻轻的他已经成为美国民主党的副总统候选人。

然而，正当罗斯福的政治生涯无比绚烂之际，在三十九岁那年，罗斯福陪同家人一起去海岛度假。他们全家人都很高兴，罗斯福更是带着孩子们乘船出海，还去了一个小岛。

不幸的是，小岛上的树木起火了，罗斯福带领孩子们不遗余力地救火，奋战很长时间才把火扑灭了。回到居住的地方，罗斯福觉得浑身疲惫，因此就去泳池游泳，然后睡了一觉。醒来之后，他发现自己生病了，直到次日清晨，他在准备起床时才发现自己的左腿佝偻起来，根本无法伸直。

对于一个正直壮年且满怀雄心壮志的男人而言，这个打击是致命的。但是罗斯福没有放弃，他在妻子的陪伴下四处求医，却没有任何医生知道他到底患了什么病。直到遇到罗伯特医生，才为他确诊了病情。原来，他患了脊髓灰质炎。在那个年代，脊髓灰质炎属于疑难杂症的范畴，作为脊髓灰质炎研究领域的权威专家，罗伯特给罗斯福下了最后通牒：这种病永远无法治愈，他必须始终承受双腿麻痹的痛苦。

从此之后，罗斯福以常人不能及的顽强毅力，开始在理疗师的帮助下进行康复治疗。正是因为这种永不屈服的精神，罗斯福才在双腿麻痹的情况下学会用拐杖走路，也开始灵活地使用轮椅。很快，罗斯福就重新回到政治的天地，以残疾的身体积极投入繁重的工作之中。后来，他更是凭着顽强的毅力，以残疾之躯战胜其他的竞争对手，成功当选美国总统。

对于弱者而言，沉重的打击和看似无望的挫折，一定会使他们陷入绝望的深渊，再无翻身的余地。对于强者而言，只要一息尚存，他们就不会被挫折彻底打败，相反，挫折会激发出他们昂扬的斗志，使他们即便身处逆境，也依然永不放弃。强者一旦经过挫折的洗礼，就会变得更加坚强，也会变得更加壮大。任何时候，只要我们心中有信念，我们就永远怀着希望。

年轻的朋友们，我们要明白，身处逆境最忌讳的反应，第一是意志消沉，第二是焦躁不安，第三是惊慌失措、盲目挣扎。若是犯了这三项大忌中的任何一项，不仅无法自逆境中脱困，反而会坠入万劫不复的深渊。我们该怎么做，相信大家已经非常明了了。

“当生命像流行歌曲般地流行，那不难使人们觉得欢欣。但真有价值的人，却是那能在逆境中依然微笑的人。”希望这首小诗能给处于逆境中的人们带来力量。总之，一个能够在一切事情十分不顺利时微笑的人，要比一个一面临艰难困苦勇气就要崩溃的人多占许多胜利的先机。

积极应对，逃避可不是好主意

有人说，人生漫漫，就如同海上航行，我既然是海，当然少不了波峰和波谷，尤其是当狂风大作时，海上的风浪就会更加骇人。然而，如果你离岸边很远，躲避当然不可能，唯一的办法就是面对。我们无法预知自己何时会遭遇命运的风浪，但是我们可以督促自己始终保持准备的状态。这样，无论风雨何时来袭，我们总是心中有底，也知道如何应对。

所以，处于不幸中，垂头丧气显然于事无补，我们要做的，除了坦然面对之外，能改变的，只有自己的心。当生活的不幸来临的时候，积极的心态是一个人战胜一切艰难困苦，走向成功的助推器。内心不败，人就不会败。积极的心态，能激发人们自身的所有聪明才智，而消极的心态，就好似蜘蛛网缠住昆虫的翅膀一样，不断地束缚人们才华的施展。

在不幸面前，有的人越过越好，而有的人却从此一蹶不振，其实，这两者的区别在于心态的差异：前者所拥有的是积极的心态，而后者却总是呈现出消极心态。当然，心态是个人的选择，有积极心态的人往往会处于不败之中，一个人若是有了积极乐观的心态，那么，战胜不幸对于他来说就很容易了。

积极的心态能使人看到希望，保持进取的旺盛斗志。消极心态使人沮丧、失望，因而限制和扼杀自己的潜能。积极的心态创造人生，消极的心态消耗人生。

在遭遇人生困境的时候，如果是轻易能够解决的问题还好，如果是棘手的、难以解决的问题，就会给很多人的人生形成分水岭。能够面对困难、迎难而上的人，最终会成为人生的强者，拥有成功的人生；在困难面前胆怯畏缩、始终无法迎接困难挑战的人，则会变得越来越怯懦，导致人生也随之变得黯淡无光，与成功绝缘。还有些人也许有勇气开始，也的确拥有了好的开端，但是最终却因为突如其来的灾难或者打击，导致半途而废。显而易见，这样的人生也是不可能成功的。

在一生之中，没有人愿意接受苦难的煎熬。然而，除了少数天之骄子能够顺风顺水地度过一生之外，大多数人都会经受苦难的磨砺。然而，面对这些苦难，只有积极的心态并不够，还需要我们应对的方法。

阿娟高考落榜了，原本她以为自己能考进一所很好的大学。谁也想不到，她因为紧张发挥失常，与心仪的大学失之交臂。高考，在那个年代，意味着一生的梦想。阿娟觉得自己的人生垮了，她不好意思去复读，觉得太丢人了。所以，她选择在家里哭泣。几个月了，她从未走出家门，每天夜里都泪湿枕巾，让父母操碎了心。

一天，去上大学的小菊回家看望父母。她是阿娟最好的朋友，还是三年的高中同窗。当听说阿娟到现在还没有走出高考落榜的阴影时，小菊觉得去应该看看阿娟，骂醒她。看到阿娟，小菊大吃一惊。虽然时间只过去几个月，阿娟红润的脸庞已经塌陷，脸色蜡黄蜡黄的。再看看阿娟的父母，已然老了好几岁。看到小菊来了，阿娟的父母很高兴，他们知道，阿娟和小菊是好朋友。

小菊劈头盖脸地问："阿娟，你到底准备哭到什么时候？"阿娟眼睛红红的，说："你去上大学了，当然不理解我的心情。我完了，这辈子都完了。"小菊嗤之以鼻，不屑地说："我不是因为你没考上大学鄙视你，但是我因为你现在的样子鄙视你。哭有用吗？今年考不上，如果想考，明年也可以考啊。如果不想考，那就该干嘛干嘛去，不上大学的人多了，人家不也活得好好的嘛！”阿娟绝望地说：“不上大学能干什么，只能种地。我不想面朝黄土，背朝天。”小菊突然故作神秘地对阿娟说：“阿娟，你和我去我读大学的那个城市吧，你知道吗，大城市工作机会很多，不上大学，也能找工作。再告诉你一个秘密，我们的辅导老师就不是大学生。他和你一样，高考落榜了，后来参加了工作，又自学成才，读完了研究生。现在是我们的辅导老师呢。”阿娟瞪大眼睛：“你说的是真的吗？工作了，也还可以再读书？”小菊毋庸置疑地说：“当然了。现在教育的方式多种多样，想要提升学历也很容易。为了替你打听这些事情，我专门去请教的辅导老师呢！”听了小菊的话，阿娟的眼睛放出了光芒。

阿娟背起行囊去了大城市打工，她不想因为自己高考失利再增加父母的负担。她要边工作，边学习，提升自己。她一定不能比小菊落后，她暗暗告诉自己。

哭泣，只能发泄我们的情绪，而不管遇到什么事，我们都不能永远地沉湎于情绪之中。再悲伤，再绝望，情绪都终究要散去。如果一直沉浸在负面情绪中不能自拔，每天哭肿了眼睛，最终的结果只能是耽误自己的前程，使自己的人生沉沦，再沉沦。阿娟很幸运，有小菊这个好朋友。小菊给她指出了一条道路，让她重新看到生活的希望。未来，阿娟一定会走出属于自己的人生。

没有人的人生会是一帆风顺的。然而，即使是再大的苦难，只要我们积极面对，并寻找解决方法，就能看到希望，迎来出路。

别总指望别人，要靠自己走出困境

“生活中，我们每个人都会遭遇困难，面对困难，我们都知道，处于不幸中，垂头丧气显然于事无补，我们要做的，除了坦然面对之外，能改变的，只有自己的心。”当生活的不幸来临的时候，积极的心态是一个人战胜一切艰难困苦，走向成功的助推器。内心不败，人就不会败。

然而，我们发现，一些人在遭遇困境时，总想着博得他人的同情和怜悯，因为会获得他人的帮助，对于这样的年轻人，我们只能说，他们是永远长不大的，一个人心智成熟的过程，就是在不断的自我磨炼中获得的，一遇到问题就想依靠他人的力量，无法成为独立的人。

对于年轻人来说，天上掉馅饼的想法一定不能有，年轻人想要改变自己的生活和命运，就必须积极进取，而不是把希望寄托在异想天开的天赐良机上。年轻就是奋斗的年龄，爱默生说：“凡事欲其成功,必要付出代价，这个代价就是奋斗。”

从前，有一位爱民如子的国王，在他的英明领导下，人民丰衣足食，安居乐业。深谋远虑的国王却担心当他死后，人民是不是也能过着幸福的日子，于是他召集了国内的有识之士。命令他们找到一个能确保人民生活幸福的永世法则。

三个月后，几位学者把三本六寸厚的帛书呈给国王说："国王陛下，天下的知识都汇集在这三本书内，只要人民读完它，就能确保他们的生活无忧了。"国王不以为然，因为他认为人民不会花那么多时间来看书。所以他命令这些学者继续钻研。两个月后，学者们把三本简化成一本。国王还是不满意。又过了一个月后，学者们把一张纸呈献给国王。国王看后非常满意地说："很好，只要我的人民日后都真正奉行这宝贵的智慧，我相信他们一定能过上富裕幸福的生活。"说完后便重重地奖赏了这些学者。

原来这张纸上只写了一句话：天下没有不劳而获的东西。

这句话教育的不单是以前那个国度的人民，也应该对当代的年轻人有所启发，只有努力奋斗，才能改变自己的命运，任何投机取巧的捷径都不是一条正确的路。思想意识决定了一个人的人生和命运，只要积极进取，从改变自身做起，我们的人生之路才会更加宽阔。"没有一次争取是一劳永逸地完成的,争取是一种每天重复不断的行动,要一天又一天地坚持,不然就会消失。"哪个成功人士的背后没有一段艰辛的奋斗史？长风破浪会有时，直挂云帆济沧海。不是所有人都能得到上帝的垂青，不是所有人都是命运的宠儿。只要通过不懈的努力，才能到达成功的彼岸。

当然，奋斗的道路是艰难的，也许有人奋斗了一生，并未能如愿以偿。就像攀登喜马拉雅山，有的人眼看要到达顶峰了，却被无情的雪崩所淹没。可是，这并不能泯灭他们奋斗的足迹。生命不息，奋斗不止，付出了可能暂时没有得到回报，但是不付出就绝对得不到回报。

某天，某深山的寺庙里来了一位乞丐，他已经走投无路了，他原本以为寺庙的方丈会给自己一顿饱饭，然而，方丈看到他之后不但没有表示怜悯，反而告诉他说："你把这堆砖搬到后面院子里吧！"

乞丐为难地说："方丈，你看到没，我只有一只手，怎么搬砖呢？你如果不想给口饭，那我就走，你直接说就行了，何必这样戏弄我呢？"乞丐说完，方丈也没说什么，而是蹲下来，用一只手搬起一块砖，然后说："谁说一只手就不能搬砖呢，只不过一次搬动的少，要多跑几次而已。想做的话，一定能够做到的。"

就这样，乞丐听了方丈的话，但因为只有一只手，他干起活来十分吃力，每次只能拿起一块砖，在烈日下足足忙碌了四五个小时，才把砖全都搬到了后院。

随后，面对满身汗水的乞丐，方丈拿出一条干净的毛巾给他，让他擦干净脸和手，然后拿出一张百元大钞，乞丐完全没想到方丈会给这么多，因而连声道谢。方丈却面色平静地说："你不用谢我，这是你的劳动所得。"

过了几天，寺庙里又来了个乞丐，只不过这名乞丐四肢健全，方丈让他将那些砖头从后院搬到前院，并告诉乞丐说：“你先帮我把这堆砖搬到屋子前面的空地上。”这名乞丐听完方丈的话后，以为方丈是在戏弄他，所以，尽管他四肢健全，他还是不屑一顾地走开了。这时，徒弟疑惑地问方丈：“师傅，您这堆砖到底想放在屋子前面还是后面院子里呢！这可是您前几天刚刚让一个乞丐从屋前搬过来的呀！”

方丈笑着说：“这堆砖放到哪里都行，最重要的是必须在乞丐搬砖之后，才能给予他们施舍。这样他们才能知道不劳而获并非长久之计，只有依靠自己的劳动赚取收入，才能彻底改变命运。”

几年之后，有一天，寺庙里突然来了一位穿着考究的先生，出手阔绰，捐了很多香火钱给寺庙。方丈对这个人表示了感谢，这个人却说：“师傅，是您让我有了今天，该是我感谢您才对。”这时，方丈才看到这个人有一只西服的袖洞里是空的。原来，这就是当年在方丈的教诲下搬砖的独臂乞丐，如今的他已经小有成就，彻底改变了命运。

在这个事例中，方丈无疑深谋远虑，他正是靠那堆砖，来点化每一个前来乞讨的乞丐。那个最终仅靠着一只手成功把砖搬到后院的乞丐，如今凭着一只独臂打出了人生的新天地。但是后来的那个身体健全的乞丐却不屑于搬砖，只想着不劳而获，人生的悲惨也可想而知。

人们常说，救急不救穷，就是这个道理。如果一个人非常贫穷，那么他一定是懒惰的，对于这样不积极面对生活的人，暂时的帮助于事无补。相反，急需用钱的人往往是因为遇到了突发的事情，一时之间资金周转不灵。这样的人平日里非常勤奋刻苦，日子总不至于过得太差。帮助他们渡过暂时的难关，他们很快就能凭借自己的努力和拼搏，改善生活的局面。这样的帮助，才是真正有意义的。看到这里，聪明的读者一定会意识到，要想得到别人的帮助，首先要自立自强。有些人一遇到困难就放弃努力，把自己弄成苦大仇深的样子，是毫无作用的。相反，只有在厄运面前自强不息的人，才值得每一个人都伸出援手，帮助他共渡难关。

第10章

你有自己的意志，就按照你喜欢的方式过吧

我们都知道，人生几十年，是何其的短暂。因此，在年轻时，我们一定要为自己活着，不要总是为别人所左右。怎样的人生才是最好的？只有你心里清楚，他人的意见，未必是你心底最渴望的声音。做自己想做的事，走在生命的路上，你会看到更多美丽的风景，庆幸自己没有在世间白来一次。

喜欢自己，接受你自己的一切

生活中，我们很多人，都在努力获得他人的喜欢，却忽视了一点，如果你自自己都不喜欢自己，别人怎么去喜欢你，喜欢自己、取悦自己，才是人生幸福的真谛。

不可否认，我们没有谁是完美的，然而，“我坚持我的不完美，它是我生命中的真实本质。”热爱自己是一个人获得幸福的起点。不论在什么时候，在何种情况下，你都需要全面地接受你自己，因为只有这样，你才可以更加安心地对待自己。

但人有一种心理很奇怪，他们总认为自己不如人，认为自己不够好，自己不值得别人对自己好，自己一文不值。观察你周围的人，是不是有人经常叹息自己不够好，别人都比自己好；上课的时候，不敢举手发表自己的意见，因为害怕自己的回答不够好；很多事情想做，但是又害怕去做，因为害怕自己做不好；一件衣服，穿在别人身上很好看，但是穿在自己身上即使很合身，也不如别人穿着好看；做任何事情都会小心翼翼的，因为害怕别人说自己不够好。这都是自卑心理的表现。

有这样一句话：“人活着，或许有不少人值得欣赏，但你最应该欣赏的人是你自己。”波尔是丹麦的物理学家，他在年轻时就提出了量子论，然而，在一次科学讨论会上，权威们却否定了波尔的理论，但这并没有使波尔失去信心，反而更加努力地研究起来。为了寻找理论根据，他做了大量的试验，后来，科学家证明了波尔的观点，他因此荣获了诺贝尔奖。正所谓“天生我材必有用”，学会自我欣赏可以产生巨大的力量推动自己逐渐迈向成功，自信是成功的第一秘诀。

有一个农夫整天埋怨自己的命运不好，一辈子都是农夫，被别人看不起，他感觉自己的地位很卑微。

有一天，他弓着腰在院子里清除青草，因为天气很热，所以他脸上不停地冒汗，汗珠一滴一滴地流了下来。

“可恶的青草，假如没有这些青草，我的院子一定很漂亮，为什么要有这些讨厌的青草，来破坏我的院子呢？”农夫这样嘀咕着。

有一棵刚被拔起的小草，正躺在院子里，它回答农夫说:

“你说我们可恶，也许你从来就没有想到过，我们也是很有用的。现在，请你听我说一句吧，我们把根伸进土中，等于是在耕耘泥土，当你把我们拔掉时，泥土就已经是耕过的了。”

“下雨时，我们防止泥土被雨水冲掉；在干涸的时候，我们能阻止强风刮起沙土；我们是替你守卫院子的卫兵，如果没有我们，你根本就不可能享受赏花的乐趣，因为雨水会冲走泥土，狂风会刮走种花的泥土……你在看到花儿盛开之时，能不能记起我们青草的好处呢？”

一棵小草并没有因为自己的渺小而自卑，农夫对小草不禁肃然起敬。

很多时候，你怎样看待自己，决定了别人怎样对待你。如果你是一棵自卑的小草，那么你在别人心底就已变得非常渺小；如果你肯定自己存在的重要价值，告诉自己我很重要，你在别人的眼里也会变得高大。

有这样一个女人，她对自己的脸蛋非常不满意，就跑去一家美容店准备整容。

第一次手术之后，女人隔一会儿就对着镜子看已经明显变化了的自己。但看着看着，女人就觉得自己的脸蛋还是不够漂亮，于是又来到了美容店。

第二次手术之后，女人高兴得乐翻了天，逢人便炫耀自己的脸蛋是多么的迷人。但没过几天，女人就感觉脸蛋有些变样儿了，于是就又来到了美容店。

……

就这样，女人几乎都在重复着前两次的情况：刚做完美容手术的时候，老觉得自己就是西施下凡、貂蝉在世，但过几天就觉得还是不够完美，只好再次去做美容手术。

如此折腾了8次之后，女人看着自己以前的照片，比对着镜子中“面目全非”的脸蛋，突然发现还是以前的自己最为完美。

于是，女人就求做美容手术的医生：“医生呀，您还是把我恢复到以前的模样吧！”这下子，做美容手术的医生可头大了，妈呀，这个女人是不是神经病啊，怎么美容手术做着做着又要求恢复到以前，哪有那么容易的事儿？

不过，在女人的苦苦哀求之下，做美容手术的医生还是心软了，就试着一点一点地把脸蛋往以前的模样进行恢复——历时2年，手术8次，女人总算回到了以前的自己。

这下子，女人高兴了，逢人就感叹道：“哎呀，美容来美容去，还是原来的自己最美丽嘛！”

古人云：金无足赤，人无完人。试着去接受你自己的一切吧，也许在刚开始的时候你会焦灼不安抑或是如履薄冰，但很快就会全身放松进而舒畅惬意了，如此下去你会发现：自己原来也是如此优秀！

如果自己都不喜欢自己，别人怎么会去喜欢你？人活着是为了自己，你或许会在乎别人对你的看法，但是每个人的眼光不同，看法也就不同，只要自己喜欢，何必在乎那么多。任何事物的发展都有一个循环，今天不美不流行的东西，可能明天就风靡世界。所以做自己最好，你就是你，身体发肤受之父母，接受自己才能有更多的精力去做其他事情。并且我们可以给自己积极的心理暗示，每天告诉自己我是最美丽的，是最棒的，那么你就会越来越漂亮，越来越自信。

心理学家经常也在质疑：美丽有标准吗？要知道，众口难调，你不一定要让每个人都喜欢你，但是一定要接纳真实的自己，不要陷入偏执的寻找中，不要拿别人的美丽与自己比较。

青春只有一次，就按照自己喜欢的方式去生活

有人说，人生短暂，青春易逝，年轻也只有一次，那既然如此，我们何不趁着年轻去做自己喜欢的事、不叫青春遗憾呢？我们发现，不少刚踏入社会的年轻人会常常抱怨自己活得好累，不知道前进的方向在哪里，是为了什么而活。这种累就是心累，或因处境不佳、或因交往不顺、或因遭遇不公……而这些年轻人之所以呈现出这样的“老态”，正式因为他们正在过着自己不喜欢的生活，因为不喜欢，所以不热爱，更别说将生活过得精彩……

有的年轻人说：“人生有太多的身不由己，很多事，是你无法改变的，我们只能学着去适应。”的确，人生有很多的无可奈何，不是你想改变就能改变的，可人生还有很多事，是你明明可以改变，却不曾尝试着去做的。如果生活只是你糊口的工具，那从事自己喜欢的职业，你就没办法生活下去了吗？

在日本，有个大家耳熟能详的漫画家——手冢治虫，他自小就热爱漫画，从5岁开始就学习漫画。

那个时候，父亲每个月发完薪水的第一件事就是先给他书本费，其中有一部分就是买漫画书，就这样，他收集了很多的

漫画书。

小学五年级那年，他的画被同学们传看的时候被老师发现了，然后没收了，但是老师随后又还给了他，并鼓励他说："喜欢画什么就画吧，你画得不错。"

手冢攻读了医学博士学位，但他对医学似乎并不感兴趣，也不想做医学类的工作，在他纠结未来的职业生涯时，母亲说："做漫画家吧，因为那是你的兴趣所在。"

果然，做了自己喜欢的事后，手冢开心多了，工作起来也很有干劲。他一生所创作的漫画作品高达15万页之多，甚至还曾同时执笔13部漫画作品连载，每天的睡眠不足4小时。巨大的工作量，不仅没有让他感到疲惫，反而让他越来越有精神，因为，做自己想做的事，无时无刻不是快乐的。

纵观古今中外，许多有成就的人，大多从事的是自己喜欢的工作。朗朗开心地弹着自己喜欢的钢琴，成功地在国际乐坛上掀起了一股"郎朗旋风"；爱迪生在自己钟爱的科学国度里驰骋，发明了震撼世界的电灯；巴尔扎克在自己饶有兴趣的文学领域笔耕不辍，最终成了一代文学巨匠。

人只要活着，就要做事，人生的过程可以说就是一个做事的过程。但做事与做事不一样，有些事是你喜欢做的，有些事是你不喜欢做的。喜欢做的事，你做起来会很主动、很卖力，不喜欢做的事，你做起来就缺乏激情，总感觉那是一种心理负担。不过，也正是因为这样的区别，才把幸福和不幸区分开来。

智者说：“人生好似一个布袋，等扎上口的时候才发现，里面装的都是遗憾，还有许多没来得及做的事。”不能做自己想做的事，这样压抑的人生，处处都是流血的伤口，而治疗的办法，就是诚实面对心中所想，随着自己的心走，做自己喜欢做的事。

不过，做自己喜欢做的事，是需要坚持和韧劲的。也许你会遭到父母的反对，也许你要忍受周围的闲言碎语，也许你不得不面临失败的危险。如果这些你无法坚强面对，那你就只能成为生活的弱者，成为他人思想的附属品，永远受制于人。想象两种不同的人生，如果你坚信自己可以做到，不妨勇敢一次，努力追求自己的真正所需。

为此，我们要记住几点：

1.要学会面对真实的自己

我们只有独处、与自己的内心对话，才能看清楚自己的真实想法，找到最本真的自我，最终了解自己到底要什么。

2.你不需要让所有的人都满意

大多数人都有这样的经历：上学的时候，父母总是指着隔壁的孩子说：“瞧瞧人家，成绩多优秀，你得向他看齐。”大学毕业了，父母长辈都说：“还是当个老师，或者考考公务员，这才是铁碗饭，其他的都不是什么正当的工作。”工作的时候，上司总是告诉你这样不对，那样不对。我们生活的最初点，似乎都是在让所有的人都满意，而从来没有让自己满意过。事实上，我们要懂得这样一个道理：你不需要讨好所有的人，只有自己喜欢才是最重要的。

3.做自己喜欢的事

生活中，什么是快乐？其实，快乐很简单，就是做自己喜欢的事情，如果我们太过在意别人的眼光，在这个过程中不自觉地将自己当成焦点，那只会让自己身心疲惫。因此，学会做自己喜欢的事情，享受自己生活的世界，没人会在意你做了什么。

4.学会释放压力

有的人总是喜欢把别人的压力放在自己身上，事事较真，比如，看到同事晋升了，朋友发财了，自己总会愤愤不平：为什么会这样呢？为什么就不是自己呢？其实，任何事情，只要自己尽了力就行了，任何东西都是着急不来的，与其让自己无所谓的烦恼，不如以积极心态来面对，努力调整情绪，释放内心的压力，让自己的生活更加丰富多彩。

总之，如果一个人总是按照他人的标准来生活的话，那么，再平坦的路也会让他感到身心疲惫，最终，他会因为不堪生活的压力而走向不归路。其实，我们最应该做的是打开自己的世界，按照自己喜欢的方式生活，活出属于自己的精彩，最终成为你自己。

幸福是自己的，无须用别人的眼光来审视

我们生活中的任何一个人，都生活在一定的集体中，都或多或少有些朋友、同事、亲属等。于是，我们可能会不经意地用周围人的眼光来审视自己的生活。比如，别人觉得你的孩子很乖，那么，你就会觉得很自豪；而别人觉得你的丈夫配不上你，那么，你可能真的觉得是“下嫁”了……很多时候，我们往往看不到自己的幸福，认为自己不幸福，而实际上，幸福是属于自己的，他人只能旁观，却不能真正感悟。按照别人的期望经营生活，很可能让自己离幸福越来越远。

丹丹是个都市白领，有着迷人的容貌、令人羡慕的工作，但已经到了适婚年龄的她也开始为自己的婚姻着急了，家里的长辈们也开始催促她。最近她也很苦恼，这天，她来到闺蜜那里诉苦，她说有个不错的男人喜欢她，是大学同学介绍的，对她很不错，每天下班后都在楼下等她，但这个男人刚工作没两年，家里又穷，近期也看不出有什么发财的迹象。朋友对她说，这有什么苦恼的？有人爱总比没人爱强，实在怕看走了眼日后委屈了自己，就等等看，等看出迹象再决定不迟。

过了一会儿，丹丹又迟迟艾艾地说，还有另一个候选人，他年岁稍大，但经济基础好，她有点犹豫。朋友奇怪了，这种事情犹豫就犹豫呗，又没人拿刀架你脖子上逼着你立刻作出决定。丹丹说不是这样的，是那个年纪大的男人暗示了自己，想

赶紧结婚生孩子，她怕他不肯等。

接下来，朋友问："那么你到底更爱谁一点呢？"

丹丹回答说："其实，女孩择偶如同买股票，谁也不想买一支垃圾股。你爱一个男人，但是你能保证爱他的未来吗？假如他的未来一团糟？爱并不能当饭吃。"然后，丹丹又说，她更喜欢第一个人，但一旦和这个人恋爱，恐怕要遭受到周围很多人异样的眼光，因为无论是周围的朋友还是亲人们，都认为以自己的条件，是完全可以找到更好的男人的。

于是，这位朋友弄明白了她的苦恼——她看不准这两个男人，谁的未来更好一点，同时，她更在意的是周围人的眼光。

这个故事中，我们不能嘲笑丹丹势利，女孩嘛，谁不想嫁得好一点？但幸福是自己的，我们不必太过于在意周围人的眼光。这就如同人们常说的："如人饮水，冷暖自知。"我们不能把自己的意识形态强加于别人，当然也不会轻易接受别人的思维。

那么，我们该如何用自己的眼光审视自己的幸福呢？

1.摒弃完美主义

所谓珍惜并不是要去珍惜最好的。珍惜的真谛恰恰在于敝帚自珍。正因为不够完美，所以才需要我们去珍惜。唯有珍惜，才能使寻常的日子，寻常的人，寻常的感情历久弥新，变得珍贵起来。

俗话说："金无足赤，人无完人。"人生确实有很多不完美之处，完美只是在理想中存在的。生活中的遗憾总会与你的追求相伴，这才是真实的人生。人不应过分地奢求不属于自己的东西，不要让追求完美成为生活中的苦恼。

要摒弃虚荣的完美主义，需要我们摆正自己的位置，那么，如何才能摆正自己的位置呢？毋庸置疑，准确到位的自我认知，和客观公正的自我评价，是摆正位置的先决条件。尤其是在做难而正确的事情时，我们就更要果断选择，决绝放弃，如此才能争取宝贵的时间占据先机，从而才能以优势获取成功。尽管说起来摆正位置很容易，但是真正做起来却很难。我们必须时刻牢记的是，我们首先应该认清楚自己的内心，知道自己想要达到怎样的人生目标，然后才能认准目标勇往直前。否则，当我们把宝贵的时间浪费在毫无意义的事情上时，就会使生命白白溜走，也不可能拥有充实丰盈的人生。

2.走自己的路，让别人说去吧

生活总是因人而异的，不同的人对于同一件事情的看法总是不同的。“家家有本难念的经”，这是事实，而且，其他任何人不可能参与到你的生活中来，因此，我们大可以告诉自己：“走自己的路，让别人说去吧。”

3.学会享受现在的生活

钱钟书先生在《围城》里对人的本性、欲望的评论有过精彩的论述：“围在城里的人想出来，城外的人想冲进去，对婚姻也罢，职业也罢，人生的愿望大都如此！”当你得到一样，就总想得到另外一样。但你想过没有，如果你处于城中，为何不好好享受城中的生活呢？其实，冲进去或是走出来，也不过是一种自己的思想认识，里或外的区别不过是自己的心给出的答案。

总之，请不要用别人的眼光去审视自己的幸福，幸福是属于你自己的，任何人都有话语权，但却没有决策权。新时代的年轻人们，都应该有一颗独立自主的心，都应该更明智地选择自己的生活，更加理智地去看待身边的人或事情，从而让我们的生活更加和谐，更加美好!

培养自己的爱好，将平凡的生活过得丰富多彩

人生短短几十载，青春更是眨眼即逝，但有趣的心灵却可以永存，聆听过古典音乐的耳朵，欣赏过美术作品的眼睛，吟诵过唐诗的嘴巴，会让他们的灵魂更鲜活灵动，年轻人，即使现在的你每天忙碌奔波、为未来打拼，甚至你已经开始经营平凡的生活，你也要有自己的爱好，只有这样，才能将平凡的生活过得丰富多彩。

生活往往就是柴米油盐构成的单调的曲子，如何把这支曲子变得快乐起来？这就要靠我们自己用兴趣来谱写，一个重视生活仪式感的人的生活也绝不会单调、死气沉沉。很难想象，

一个没有自己的兴趣与爱好的人，会过什么样的日子，又会经营出一个什么样的家庭。

自从和丈夫结婚后，丽丽就在朋友的羡慕中辞职做了全职太太，然后和一般女孩一样经历了怀孕、生子。她的人生似乎就应该围着丈夫和孩子转了。可是她并不开心，因为她感觉自己生活得很空虚，每天丈夫回家后，他们的话题就是孩子今天怎么样，今天吃什么。丽丽越来越觉得自己的生活很压抑，需要呼吸一下外面的新鲜空气。

有一次，她和以前的同学一起聚会，对以前的几个闺中密友说了自己的苦衷，其中一个人对她说："你真是身在福中不知福，不愁吃不愁穿的，丈夫养着。我们呢？为房子、为孩子什么时候闲过？你还说空虚？"另外一个同学说："你的想法我明白，我以前也是这样的，一个人没有了生活的乐趣和追求的目标，简直生不如死，一个女孩被限制在家庭中，的确很苦闷，你啊，的确应该重新去寻找生活的目标，有了兴趣，生活自然就有了意义。"听了朋友的话，丽丽决定出去工作，重拾自己的舞蹈事业。

从那以后，丽丽忙碌起来了，虽然忙，但她的生活开始有滋有味，她也慢慢地了解到丈夫工作的辛苦，两人的关系似乎又回到了恋爱的时候。

的确，培养文艺爱好，能丰富自己的心灵，这些有文艺气息的人，无论什么再忙碌，他们也会用文艺来丰富自己的心灵，因此，他们的生活绝不是枯燥无味的，无论在人生的什么阶段，他们总是能散发出与众不同的气质。

兴趣与爱好能给你带来高雅和品位，有兴趣爱好的人，他会用自己的眼睛发现身边的美，并用心去感受它，虽然他不是贴着“标签”的艺术家，但却有着极好的艺术悟性和艺术灵性。

当然，每个人的兴趣爱好都是不同的，你可以选择适合自己的某项爱好或者培养某方面的特长。

1.绘画

生活中，有这样一些人，他们有双神奇的手，他们能将美好永远记录下来，他们就是懂绘画艺术的人，无论外在世界如何变化，他们总是能找到让自己沉浸的方法；他们不羡慕那些坐拥财富名利者，他们总是一身粗布衣服，并且总是沾满了颜料，但他们似乎具有某种魔力，经过他们点缀的空白纸张立即栩栩如生；当周围的一些人感叹内心空虚、时光难熬之时，他们却因为审美、绘画技巧的提高而欣喜若狂……他们爱艺术，尤其爱绘画，因为他们觉得，画纸上的一切才是永不过时的美丽。

2.旅行

旅行可以增长我们的知识，让我们在有了更多见识的时候，发现某些更符合自己内心愿望的爱好，而且真正见过的就比只在书上看过或者听人说过的更有感触。另外，一个爱好旅游的人往往心胸更广阔，应对问题时更有弹性。

3.读书

书是人类进步的阶梯，俗语“读万卷书，行万里路”也是这个道理，读书可以让年轻人见闻广博。

4.听音乐

大量的科学实验证明，人们在听音乐的时候，在生理上会发生很多变化。例如，肌肉电位（紧张度）下降，去甲肾上腺素的含量增加（导致身体放松），内啡肽物质的含量增加（产生愉悦和欢欣感）等。音乐精神减压是音乐治疗的方法之一，是在音乐的生理功能的基础上，融合心理学中的肌肉渐进放松训练技术、催眠以及自由联想技术，帮助人们达到生理和心理的深度放松。

音乐的类别一般可分为古典音乐、现代音乐、民间音乐、西洋音乐、通俗音乐、高雅音乐等，当然，我们大可不必将其放在心上，尽管遵循简单快乐的生活原则，选择自己想要的，欣赏自己喜欢的就好。

音乐作为一种艺术，它之所以能打动人，是因为它能以动感的声音方式表现出一种情感，它所蕴含的宁静致远、清淡平和，可以使终日奔忙、身心俱疲的现代人得到彻底的放松。作为奔波于现代闹市中的年轻人，你一定要懂一点音乐。在音乐的圣殿中，我们能暂时忘记工作生活中的不顺心，获得音乐给予我们的心灵滋养。

5.摄影

有人说过的一句精辟的语言：摄影家的能力是把日常生活中稍纵即逝的平凡事物转化为不朽的视觉图像。我们可以说，任何一个热爱摄影的人都是生活的艺术家，都热爱生活，都有一双捕捉生活中美的眼睛，为此，他们眼中的世界是完全不一样的。

毕竟是吃五谷的凡人，哪有不遇到烦心事的呢？只是，年轻人，你一定要给自己培养几项兴趣爱好，比如，画画、看书、做瑜伽、听音乐、唱歌、旅游……学会有情趣的生活，我们平凡的生活就不会再单调！

参考文献

[1] 景天.别在吃苦的年纪选择安逸[M].南昌：江西教育出版社，2016.

[2] 文思源.别在吃苦的年纪选择安逸[M].成都：四川人民出版社，2019.

[3] 高琼.最怕你一事无成，还假装与世无争[M].沈阳：沈阳出版社,2017.

[4] 墨陌.别在该吃苦的年纪，选择安逸[M].北京：研究出版社，2017.